U1069342

农业科技教育与生态环境发展报告

农业部科技教育司

中国农业出版社

图书在版编目（CIP）数据

农业科技教育与生态环境发展报告 / 农业部科技教育司编 . —北京：中国农业出版社，2014. 3
ISBN 978-7-109-18985-0

Ⅰ. ①农… Ⅱ. ①农… Ⅲ. ①农业技术-科学教育学-研究报告-中国②农业生态-生态环境-研究报告-中国 Ⅳ. ①S

中国版本图书馆 CIP 数据核字（2014）第 048532 号

中国农业出版社出版
（北京市朝阳区农展馆北路 2 号）
（邮政编码 100125）
责任编辑 张德君

北京中科印刷有限公司印刷 新华书店北京发行所发行
2014 年 3 月第 1 版 2014 年 3 月北京第 1 次印刷

开本：787mm×1092mm 1/16 印张：10.75
字数：175 千字
定价：36.00 元

（凡本版图书出现印刷、装订错误，请向出版社发行部调换）

《农业科技教育与生态环境发展报告》

编 辑 委 员 会

主　　编：唐　珂
副 主 编：刘　艳　王衍亮　石燕泉　郭立彬
　　　　　杨礼胜
编　　委：（按姓氏笔画排序）
　　　　　王青立　纪绍勤　李　芹　李　波
　　　　　李少华　张　文　张国良　邹　萍
　　　　　林祥明　寇建平　魏玉栋
执行编委：窦鹏辉
编　　辑：（按姓氏笔画排序）
　　　　　方　放　付长亮　李寅秋　何晓丹
　　　　　张振华　郝先荣　徐利群　崔江浩
　　　　　韩允磊　强少杰　窦茂海

序

党的十八大做出了实施创新驱动发展战略的重大部署，将科技创新作为提高社会生产力和综合国力的战略支撑，摆在国家发展全局的核心位置。农业出路在现代化，农业现代化关键在科技进步。我们必须比以往任何时候都更加重视和依靠农业科技进步，走内涵式发展道路。

近年来，得益于中央政策的有效支持、各方组织动员的有力推动以及农业科技的有力支撑，农业农村呈现持续向好、加速发展的强劲势头，粮食生产连年丰收、农民收入高速增长。特别是2013年，面对自然灾害多发频发、资源环境约束更加趋紧、农村劳动力结构深刻调整、农产品质量安全备受关注的重重挑战，我国农业农村经济实现了稳中有进、稳中向好，成为经济社会发展的突出亮点。粮食总产再上一个千亿斤新台阶，实现新中国成立以来首次“十连增”，农民增收实现“十连快”，增幅连续四年超过城镇居民。

当前，我国农业农村经济发展已经站在新的历史起点，但必须清醒地看到，农业还是“四化”同步的短腿，农业现代化面临的环境更复杂、挑战更严峻，需求总量刚性增长，资源环境约束趋紧，确保粮食安全难度增大；村庄空心化、农村老龄化，谁来种地问题日益凸显。在高增长、高基数的基础上实现农业农村经济持续快速增长，已经到了必须更加依靠科技实现创新驱动、内生增长的关键阶段。紧紧抓住和用好新一轮科技革命和产业变革的机遇，立足我国的基本国情和产业发展需求，以保障国家粮食安全和重要农产品有效供给为首要任务，以提高土地产出率、资源利用率、劳动生产率为主要目标，按照增产增效并重、良种良法配套、农机农艺结合、生产生态协调的原则，加快农业技术进步路线调整与创新，进一步调整和优化农业科技发展方向。加快农业科技自主创新，尽快取得一批具有自主知识产权的重大成果；完善改进农技推广服务的方式，加快构建一主多元的技术推广与服务体系；创新科技管理体制，调整农业科技创新的组织模式，组织跨学科的联合攻关，构建适应高产、优质、高效、生态、安全农业发展要求的技术体系，为农业插上科技的翅膀，实现农业科技集成化、劳动过程机械化、经营管理信息化、安全环保法制化。

农业农村生态文明建设是生态文明建设的重要内容。近年来，各级农业部门不断加大农业污染防治和生态保护力度，大力发展生态农业、循环农业和绿色农业，取得了积极进展。但无论是从实现保供给的目标任务看，从外部环境的影响和农业资源环境形势看，从农业生产经营方式看，还是从社会公众的要求看，确保国家粮食安全和重要农产品有效供给任重道远，农业资源环境保护压力越来越大。当前和今后一个时期，加强农业资源保护，实现农业可持续发展，要坚持农业资源环境保护与农村社会经济发展相统筹，坚持城市环境保护和农村环境保护协同，坚持预防与治理并举，节约与利用并重，加快形成农业产业结构、农民生产生活方式与农业资源环境相互协调的发展模式，加快我国农业农村生态文明建设进程。

2013年，我部重点实施了农业科技创新引领、新型职业农民培育和美丽乡村创建工程，科技教育司以“体系工作法”组织全国农业科教环能系统，推动我国农业科技教育与生态环境保护工作取得了显著成效。科技教育司组织编写的《农业科技教育与生态环境发展报告》，全面总结了2013年农业科教环能工作主要进展，系统梳理了有效做法和鲜活经验，内容全面、数据翔实，具有较高的学习和参考价值。希望这部发展报告能够成为广大农业科教工作者组织开展工作的重要参考资料，成为社会各界和广大人民群众了解农业科技的有益读物。

农业部副部长 张桃林

2014年3月

前　言

近年来，我国农业农村经济社会发展呈现持续向好、加速发展的强劲势头，粮食生产实现“十连增”，农民增收实现“十连快”，为调整经济结构、保持经济平稳较快发展奠定了坚实基础，为加强和改善宏观调控、保持价格总水平基本稳定发挥了重大作用，为全面改善人民生活、促进社会和谐作出了突出贡献。这些成就的取得，靠政策、靠科技、靠投入、靠市场，但最具潜力、最可持续、最根本的依靠是科技。2013 年，我国农业科技进步贡献率已经达到 55.2%，科技在现代农业发展中的决定性作用体现得越来越明显。

2013 年，农业科教环能工作按照“创新、提升、协同、求实”的总体要求，紧紧围绕农业部中心工作和“两个千方百计、两个努力确保、两个持续提高”（千方百计使粮食产量稳定在 5 250 亿千克以上、农民收入增幅保持在 7.5%以上，努力确保不发生重大农产品质量安全事件和区域性重大动物疫情，持续提高农业科技进步贡献率和农业资源利用率）的目标任务，以农业科技创新引领、新型职业农民培育和美丽乡村创建三大重点工程为统领，完善科技创新、技术推广、农民教育培训、农业环境保护和农村能源建设等支撑服务体系，探索政策制定问计于体系、工作落实依靠体系、绩效评价取决于体系的“体系工作法”，强化创新驱动、完善转化平台、突出示范带动、实现重点突破，形成强大工作合力，为发展现代农业、建设美丽乡村和全面建成小康社会提供有力的科技支撑。

在各方面的大力支持和全国农业科教环能系统的共同努力下，2013 年农业科教环能工作取得了新的显著成效。**科技创新与技术推广方面，实施农业**

科技创新引领工程，立足支撑农业产业发展，创新体制机制，强化联合协作，促进了科技与农业农村经济紧密结合。出台了《农业部关于促进企业开展农业科技创新的意见》，推动建立南海现代海洋渔业重大创新基地，支持29家企业进入农业部重点实验室学科群体系，有效增强了涉农企业科技创新能力。以建设现代农业产业技术体系，实施转基因生物新品种培育重大专项、公益性（农业）行业科研专项、“948计划”等重大项目为依托，完善农业科研管理机制，围绕制约农业产业发展的共性关键技术组织联合攻关，取得了超级稻百亩片亩产988.1千克、抗虫转基因玉米等一批重大成果。基层农技推广体系改革建设取得新成效，印发学习贯彻《中华人民共和国农业技术推广法》实施意见，组织开展了主题征文等一系列宣贯活动；加快“一个衔接、两个覆盖”政策落实进度，进一步增强了农技推广投入保障；实施农技推广特设岗位计划，提高了农技推广队伍业务素质；进一步完善“专家定点联系到县、农技人员包村到户”的农技推广服务机制；启动建设农业科技成果转化交易服务平台，加快了农业科技成果快速转移转化机制。**农民教育培训方面，实施新型职业农民培育工程，立足提升农民素质，不断壮大新型农业经营主体。**组织开展新型职业农民培育重大问题研究，印发新型职业农民培育指导意见，召开全国新型职业农民培育试点工作经验交流会，明确了新型职业农民的内涵特征、试点任务和工作要求。构建了新型职业农民培育、认定和扶持三位一体的制度框架体系。在100个县开展新型职业农民培育试点，培养了一批以农业为职业、具有一定专业技能、收入主要来自农业的新型职业农民。全面推动阳光工程转型升级，以新型经营主体为重点对象，突出务农技能的培训核心，培训专业大户、家庭农场主、农民合作社带头人、经纪人、农机手、植保员、动物防疫员等新型经营主体112万人。**农业资源环境与能源生态方面，实施美丽乡村创建工程，立足农村建设难题，整合各类资源，推进了农业农村生态文明建设。**发布美丽乡村创建指导意见，制定美丽乡村创建目标体系，以促进农业生产发展、人居环境改善、生态文化传承、文明新风培育、体制机制创新为目标，构建适应不同自然生态和经济社会发展类型的示范模式，启动建设1 100个天蓝、地绿、水净，安居、乐业、增收的试点美丽乡村。开展美丽乡村“五星一员”评选活动，推出61名美丽乡村“五星一员”创建典型人物，作为建设美丽乡村的带头人、领头雁。举办全国农业可持续发展与建设美丽乡村培训班，进一步统一认识，提高美丽乡村建设理论与实践水平。根据自然资源禀赋、社会经济发展水平、产业发展特点以及民俗文化传承差异等，确定并颁布美丽乡村十大创建模式。会同本山传媒集团，在全国5个省组织开展了15场“美丽乡村快乐行”活动，通过科技直通车和文化大篷车送技送戏下乡，带动农技推广服务和乡村文化建设。调整优化全国农业面源污染防控监测网络，建立监测点270多个、监测小区1 200多个。建设户用沼气、养殖小区和联户沼气、乡村服务网点及大中型沼气工程近50万户（处），受益农户108万户。

为了全面总结和系统梳理2013年全年以及此前全国农业科教环能工作的大事、要事和重点、亮点，为全国农业科教环能系统工作者提供一份翔实可靠的参考资料和政策依据，农业部科技教育司组织编写了这部《农业科技教育与生态环境发展报告》。

编 者

2014年3月

目　录

新型职业农民培育工程

美丽乡村创建工程

专　题

农业科技创新引领工程

农业科技创新引领工程

一、现代农业产业技术体系建设情况

针对我国农业科技长期存在的科研与生产脱节、农业科技资源分散、科技创新效率不高、支撑保障能力不足等问题，为有效整合农业科技资源，实现从产地到餐桌各个环节紧密衔接，促进我国现代农业健康快速发展，2007 年，农业部联合财政部启动实施了现代农业产业技术体系（以下简称“体系”）建设工作。

根据农业产业发展需求和优势农产品区域布局规划，以农产品为单元、以产业链为主线、以综合试验站为基点，先后启动建设了粮油、经济作物、畜牧、水产四个产业共 50 个主要农产品的产业技术体系。其中，粮油作物类体系 17 个、经济作物类体系 17 个、畜牧类体系 11 个、水产类体系 5 个。围绕产业发展需求，共设立了首席科学家岗位 50 个、功能研究室 233 个、科学家岗位 1 051 个、综合试验站 1 144 个，并按“人岗合一”原则配备了专家团队。目前，粮油作物类体系共有首席科学家 17 人、岗位科学家 335 人、综合试验站站长 420 人；经济作物类体系共有首席科学家17人、岗位科学家380人、综合试验站站长368人；畜牧类体系共有首席科学家11人、岗位科学家258人、综合试验站站长271人；水产类体系共有首席科学家5人、岗位科学家78人、综合试验站站长85人。中央财政对体系实行连续稳定的经费支持，每年支持每个首席科学家岗位管理经费30万元、每个科学家岗位基本研发费70万元、每个综合试验站研发和试验示范经费50万元。自体系建设以来，已累计投入经费70.9亿元，其中粮油作物类体系240 370万元、经济作物类体系243 680万元、畜牧类体系172 740万元、水产类体系52 200万元。

经过六年多的建设与发展，体系在有效整合农业科技资源、凝聚农业科研队伍、促进科技与产业紧密结合等方面取得了重要成效，有力支撑引领了我国现代农业发展。

（一）坚持科技创新，支撑引领现代农业持续稳定发展

围绕粮油、经济作物、畜牧、水产四大产业的重大需求和关键瓶颈问题开展科技攻关，努力探索、坚持不懈，培育了一批重大新品种，攻克了一批增产增效种养新技术，构建完善了动植物疫病防控技术体系，创制了一批高效农业设施与装备，提高了农产品加工和质量安全水平，基本建立了产学研用紧密结合、科学研究与技术推广紧密衔接的创新体系，显著提升了农业产业科技创新能力和综合生产能力。

1. 开展主要动植物种质资源培育与创新利用，培育了一批多产高效新品种，有效满足了产业对高产、多抗、多用途及专用型品种的需求。2007年以来，体系共培育新品种近1 000个，其中，粮油作物类体系共培育水稻、小麦、玉米等新品种600多个；经济作物类体系共培育棉花、蔬菜、甘蔗等新品种237个，其中国审品种44个；畜牧类体系共培育新品种（配套系）23个、牧草新品种35个；水产类体系共培育新品种19个。新品种的育成及推广应用，有力推动了产业升级，促进了农业综合生产能力的提升。

2. **研发和推广了一批优质高效种养技术，有效提高了生产效益，促进了农业增产、农民增收。**粮油作物类体系研发了系列增产高效配套栽培技术，为我国粮食产量连续多年稳定增长提供了科技支撑。如水稻体系集成了超级稻“三定”栽培技术、钵形毯状秧苗机插技术等适用新技术 80 多项，获得了“钵形毯状秧苗育秧方法”等发明专利 7 项、“多功能钵形毯状秧苗育秧盘”等实用新型专利 6 项。经济作物类体系研发了轻简化和标准化增产高效配套栽培技术 50 余项，制定了技术规程 10 余项。畜牧类体系制定了畜禽营养参数 100 余项，研发了饲养管理新技术 70 余项，有效提高了畜禽精准化和标准化饲养水平。水产类体系研发了一批高效配合饲料与精准投喂技术，有力促进了产业节本增效。如大宗淡水鱼体系构建了以高效青鱼膨化饲料为基础的青鱼养殖新模式，青鱼增重率提高 92%，饲料系数降低 0.93。

3. **集成和推广了一批持久、安全的动植物疫病综合防控技术，构建形成了主导品种病害检测与防治技术体系，有效降低了病虫危害，农产品安全保障水平稳步提升。**粮油作物类体系在粮油产品病虫害防控和防灾减灾方面作用显著，促进了全国粮油产品的稳产增产。如玉米体系研发出高效防治丝黑穗病的种衣剂 1 号和对茎腐病、纹枯病、地老虎防效达 75%～85%的复合种衣剂 T-X，在生产中应用效果显著。经济作物类体系制定了病虫害综合防控关键技术规程 20 余项，研发病虫害防控绿色制剂及产品 50 余种，有效满足了控制病虫危害损失、提高农产品质量的需求。畜牧类体系开展动物重大疾病诊断和综合防控关键技术研究，研制出新兽药或新产品 22 项，制定出疾病防控新技术 10 余套，大大提升了我国动物疫病防控能力。水产类体系集中攻关了突发性疫病防控技术，构建形成了主导品种病害检测与防治技术体系，为产业持续发展提供技术支撑。

4. 研发创制和推广了一批高效新型农业设施与装备，有效解决了轻简型、省力型农作问题，满足了促进机械化生产的需求，农业生产效率大幅度提升。粮油作物类体系粮油农机装备水平快速提升，初步形成了高效、实用的机械装备体系，有效提高了我国农业劳动生产率。经济作物类体系共研制了适应不同经济作物不同生产环境的轻便型、省力化的农机装备30余台（套），获得国家专利授权20余项。畜牧类体系共研发各类畜禽舍7种，制定各类标准20余项，设计和研发了10余种新型设施设备，申报相关国家专利10余项，制定技术规范6项。水产类体系研发创制了一批高效养殖设施装备与技术模式，有力推进了池塘生态工程化与工业化养殖及推广应用，推动产业升级转型效果显著。

5. 形成了一批农产品保鲜、贮运、加工与质量提升技术，有效解决了产业链短、产品附加值低等瓶颈问题，促进产业转型升级。粮油作物类体系粮油加工技术水平不断提高，质量安全检测技术日益强化，为延伸农业产业链和农业增效、农民增收提供了有力支撑。经济作物类体系研制了一批保鲜与贮运关键技术，建立了10余条生产线，促进了产业快速发展。畜牧类体系研发了新产品21个，开发了畜禽产品加工新工艺27项，建立畜禽产品追溯平台3个，显著提高了畜禽产品附加产值。水产类体系突出加强了主要出口品种深加工与质量安全技术研发，稳步提高了综合能力和技术水平，有效提升了产业国际竞争力。

（二）强化推广服务，助力农业科研成果落地生根

产业技术体系的专家们不断强化服务于农业生产实际的理念，通过建立示范基地、组织观摩会、现场技术培训和指导以及利用网络远程授课、发布信息等多种媒体方式将本体系研制的新品种、新技术、新工艺等成果示范推广应用至产业发展的各个生产环节，让科学研究的种子在广袤无垠的祖国大地上迅速落地生根。

1. 创建示范基地，彰显标杆示范效果。体系根据我国农业需求、

农产品特点、区域分布特点，依托50个产业技术体系的1 144个综合试验站，选择试验条件好、示范能力强的主产县生产部门、农场、种养大户、农业企业，建成了10 006个示范基地。其中，粮油和经济作物类体系已建成示范基地7 297个，触及全国31个省（自治区、直辖市）、2 132个县（市、盟、州）和6 000多个村，覆盖了我国主要大宗农产品和70%以上的农业主产区，总面积达376.5万亩*。畜牧和水产类体系已建成标准化示范基地2 709个。示范基地以农产品为主线进行全产业链示范，建立了首席科学家牵头、岗位科学家参与、综合试验站负责实施的“三级联动”机制，提高了示范基地运行效率；实行网络信息化管理，提高了管理实效。示范基地的建设有效推进了农业科研与技术推广服务的紧密衔接，成为了解决科研到推广“最后一公里”的有力抓手。

2. **开展技术培训，培养新型种养能手。**体系根据研发成果确定示范推广技术、制定技术规范，对基层技术人员、农民等以“土洋结合”、“分类实施”等多种方式进行培训活动，成效显著。据不完全统计，自启动以来，体系已在全国各主产区共举办各类培训班109 610场，共培训基层农技推广技术骨干181.56万人次、培训农民1 335万人次，为新品种、新技术、新产品快速走进千家万户提供了重要渠道。

3. **推广实用技术，促进农业稳定发展。**体系自启动实施以来，坚持“论文写在大地上、成果留在农民家”的理念，持续深入开展了农业新品种、新技术、新产品的研究筛选、组装集成和展示推广工作，丰富了品种的多样性，增加了商品的选择性，提高了安全生产能力，有力促进了节本增效，为粮食生产“十连增”及丰富“菜篮子”、“果盘子”作出重要贡献。

* 亩为非法定计量单位，15亩=1公顷。

（三）积极参与，为产业发展提供应急服务和决策咨询

体系自建设以来，紧紧围绕农业生产发展的实际需要，在推进农业科技创新的同时，积极为抗灾救灾等应急性事件提供有力科技支撑。

1. 主动应对自然灾害对农业生产的重大影响，显著降低了灾后农业损失。据不完全统计，5年多来，体系专家已累计参与农业气象抗灾救灾技术指导服务1.5万余人次，提出各类技术解决方案800余个，形成灾情调研报告300余份，为降低灾害损失、复产重建提供了有力的科技支持。

2. 积极开展动植物病虫害监测防控，确保农业稳产增产。近年来，我国水稻“两迁”害虫、稻瘟病、玉米黏虫、马铃薯晚疫病、油菜菌核病以及柑橘褐斑病、炭疽病等病虫害频繁和集中暴发。体系专家深入田间地头开展监测调研，提出防治技术方案，为农业生产保驾护航。据不完全统计，5年多来，体系植保专家共深入田间调查灾情2 000余人次，提出病虫害防治技术方案120余项，组织专题技术培训200余场次，发放技术手册2万余份。

3. 积极协助应对农产品质量安全事件，为稳定农产品市场提供了技术支撑。近年来，我国牛奶、大米、香蕉和鸡肉等大宗农产品频繁爆出质量安全事故，给产业发展和人们生活带来了重大影响。体系专家积极开展应急性研究、技术咨询指导、正确引导宣传等工作，为稳定农产品市场提供了技术支撑和舆论环境，有力保障了农业行业稳定健康发展。

4. 密切关注农产品市场异常波动，为政府宏观决策提供高水平咨询服务。自2010年以来，我国农产品市场价格波动较大，给农业生产稳定发展带来不利影响。体系专家围绕农产品生产要素、市场变化、预测预警和产业政策等开展研究，为政府宏观调控和产业政策制定提供了重要决策参考。

5. **积极开展产业发展战略研究，提出了一批重大政策建议。**例如，2010年牧草体系和奶牛体系等向国务院提出“关于大力推进苜蓿产业发展的建议”，得到时任总理温家宝的批示，成为启动“振兴奶业苜蓿发展行动”计划重要决策建议。据不完全统计，五年多来，体系共主持或参与完成各类规划100余份，有力推动了产业健康快速发展。

6. **跟踪研究农业产业发展动态，积累了全面系统的基础信息。**5年多来，体系持续跟踪国内外农产品市场供求、价格和贸易情况，建立了产业发展综合性基础信息数据库50个，定期发布月度或年度发展报告、信息简报，其中公开出版发行各类研究报告或专著100余部，为政府制定政策和企业、农户生产决策提供了重要支持。

（四）坚持创新，积极探索农业科技资源组合新模式

立足于我国农业科技发展现状，围绕农业产业发展科技需求，体系积极研究探索农业创新管理新模式，并取得显著成效。

1. **建立了科技支撑农业产业发展的核心框架。**基于我国农业基本国情和现代农业产业特点，按照“突出基本生活需要、兼顾消费结构需求”的总体思路，筛选确定了50个农产品产业，有效实现了大小产业统筹、全国性和区域性产业兼顾、国内优势产业与国际优势产业对接的格局，勾勒了国家层面科技支撑现代农业产业的核心框架，优化了我国农业科研对产业支撑的资源结构，推进了农业科技创新的均衡发展。

2. **树立了产业需求导向的农业科技创新理念。**体系建设以促进科技与产业结合为首要出发点，将研究内容定位在技术用户的需求上，将研究成果定位在快速转化应用、解决生产实际问题上，围绕产业发展需求，进行共性技术和关键技术研究、集成与示范，形成了既有宽广视野、又能务实解决产业问题的科研新思路。

3. **创立了与农业产业密切对应的科技创新链条。**围绕农业产业链条，在每一个体系中设立了遗传育种、栽培与养殖、病虫害防治、营养、产后处理与加工、设施设备和产业经济等六大功能研究室，保证了产业各环节的科技力量，有效消除了产业发展技术支撑中“空白”和“短板”。根据优势农产品区域布局规划和主产区分布，建设综合试验站，保证了体系科研成果的“落地生根”。围绕农业发展和生产决策构建了“公共服务”支撑平台，承担产业预警和技术信息服务任务，广泛参与发展规划、产业政策和生产标准等研究和技术咨询。

4. **构建了财政稳定支持机制**。体系在明确人员、任务和运行机制、保证公平竞争、择优支持的前提下，根据任务研究经费实际需求，实行足额、稳定、长期财政支持，转变了财政科技过度竞争、支持周期短的投入方式，大幅提高了科研成效。

5. **创建了符合农业产业特点的农业科技管理模式**。建立了“公开、公平、公正”的人员遴选机制，在人员选择上，实行提名人和推荐人分开、管人和管事分开的原则。形成了“以需求定任务”的科研立题机制，根据技术用户需求梳理形成研究重点任务，以切实解决制约产业发展的技术瓶颈问题。建立了“自上而下”的任务委托机制，实行首席科学家总负责、相关专家技术负责、执行专家组定期会商等体系任务负责制度。建立了“以解决实际问题为核心”的评价导向，以支撑产业发展为主要指标进行体系考评，不过分关注论文、专利。创造了“信息化和精细化”的管理范式，建立了“现代农业产业技术体系管理平台”，为凝聚共识，促进体系人员相互学习、相互促进、相互监督提供了重要通道。建立了“开放、流动、协作、竞争”的运行机制，体系人员实行动态管理，决策、执行和监督互相分离、互相制约，管理通畅，开放有序。

6. **强化了科技文化建设**。形成了以能够解决生产实际问题、促进产业发展、被基层和企业认可为荣的良好氛围，打造了体现时代发展潮流的“民主开放、团结协作、务实高效、诚信奉献”的体系文化。

二、公益性行业（农业）科研专项实施情况

为推进科技与经济紧密结合，提升科技支撑产业发展的能力，2006年，财政部对中央财政科技经费投入政策进行了重大创新和调整，启动了公益性行业科研专项，重点支持农业部、卫生部等13个公益性科研任务较重的部门开展“应急性、培育性、基础性”科研工作。自2007年以来，农业部共启动实施了364个农业行业科研专项（以下简称“专项”）项目，中央财政经费投入超过65亿元。

（一）主要成效

专项实施7年来，紧紧围绕国家粮食和农业生产稳定发展的实际需求，在品种增产潜力挖掘、轻简高效种养技术集成创新、农业动植物病虫害和非生物灾害防控、新型实用农业机械研究、农业资源高效利用等方面开展研究，解决了一批关键共性技术问题，并在生产中大面积示范应用，推进了农业科技成果“落地生根”，为我国粮食和农业生产稳定发展提供了强有力科技支撑。

1. 夯实粮食等主要农作物连年丰收的科技基础。收集整理和保存了一大批种质资源，完善了我国农作物育种技术平台，筛选、培育了一批优良新品种，建立了高效栽培新模式，提升了中低产田改造技术和耕地培肥技术，突破了一批重大病虫害防控关键技术，通过大面积示范应用，有效提升了我国粮食等农作物的综合生产能力，为我国粮食“十连增”、油料“五连增”提供了强有力的科技支撑。具体进展主要体现在四个方面：一是创制了一批育种资源材料，构建了分子育种技术平台，培育了一批单产和品质显著改善的农作物新品种。二是建立了适合我国农作物区域布局和不同光热条件的农作制模式，建立了良种良法配套高效生产技术体系。三是开发了一批土壤改良和作物施肥技术，研发了一

批新型高效肥料，扭转了我国无机化肥几乎一统天下的局面。四是攻克了制约植保科技创新的基础性关键问题，有效支撑了植保学科自主创新能力提升，推动了植保行业的科技创新和技术进步，有效支撑了防灾减灾能力提升，构建了农作物病虫害综合防控技术体系，有效支撑了持续控害能力提升。例如，再生稻、冬油菜北移、间套种等技术的新突破，开辟了提高农作物复种指数新途径。株型紧凑、抗倒油菜新品种和配套农艺技术的开发，为油菜机械化生产提供了重要支撑。

2. **带动农业养殖业提质增效**。针对畜牧、水产行业面临的自主品种严重不足、养殖方式亟待提升、疫病防控压力加大、资源环境约束趋紧等突出问题，强化了养殖业科技创新，形成了一批主导品种、主推技术，有力支撑了畜牧、水产行业逐步向生产高效、资源节约、质量安全和环境友好方向转轨。具体进展主要体现在四个方面：一是培育出一批新品种，显著提高了畜禽生产性能，促进了主导品种和主推技术的有效衔接。二是有效提升了饲料营养价值与利用率，为实现精准饲养打下了坚实基础。三是开发出一批健康养殖及环境控制技术，引领了畜禽、水产饲养方式转变。四是提高了我国重大动物疫病的诊断与控制能力，为保障产业安全提供了技术支撑。例如，集成了鸡白血病净化技术，为全国范围内种鸡场实现白血病的净化做出示范作用。研制了草鱼出血病活疫苗，获得我国首个水产疫苗生产批文。

3. **提升农业机械化技术水平**。紧密结合现代农业对装备技术的重大需求，开展了机械化关键技术研究，为转变农机化发展方式，确保农机化水平3%年均增长率，发挥了重要的科技引领和支撑作用。具体进展主要体现在四个方面：一是研发出一批农业生产急需的新技术、新装备，带动提高了重点环节的机械化作业水平。二是建立了主要农作物全程机械化技术体系，形成了优势区域的机械化生产技术模式。三是研发了果园、茶园机械化共性技术，有效促进了经济作物机械化发展。四是创制了设施种养成套关键装备，建立了农业装备适用性评价方法和农业工程技术体系，为现代化农机工业发展提供了基础支撑。例如，研制了山地橘园运输机，降低了柑橘生产劳动强度，提高了劳动效率。开发了花生种植与联合收获技术装备，有效提高了花生生产效率。

4. **推动农业资源环境科技创新**。为解决农业资源环境领域的技术瓶颈问题，专项加大投入力度，开展关键技术科研攻关，促进科技成果转化落地，支撑资源环境产业发展，成效显著。农田氮磷、重金属防控和农业废弃物利用技术的突破，有力支撑了农业面源污染防控；初步建立了主要外来入侵生物防控技术体系，农业野生植物资源得到有效保护。具体进展主要体现在四个方面：一是资源高效利用技术研究取得新进展，农业生产效率与技术管理水平大幅提升。二是农田氮磷、重金属防控和农业废弃物利用技术的突破，有力支撑了农业面源污染防控。三是初步建立了主要外来入侵生物防控技术体系，农业野生植物资源得到有效保护。四是进一步加强了应对气候变化、渔业生态环境等研究基础，农业生物质开发利用技术水平得到提升。

5. **推动农产品加工业产业升级**。以解决行业共性技术为目标，以服务农民、专业合作组织和中小企业为主，重点在产地初加工、副产物综合利用、质量安全控制和装备升级等领域开展研究，为农产品加工业的技术升级与安全保障提供了支撑。具体进展主要体现在四个方面：一是建立了大宗农产品加工品质与专用品种基础数据库、肉品微生物预报模型系统和兽药数据库等基础数据公共服务平台，为行业发展提供基础条件。二是研发了小型储粮配套技术与装备、马铃薯贮藏技术与装备、异质肉控制技术与装备等系列化产地初加工技术与成套装备，取得了良好的经济社会效益。三是突破了一批农产品精深加工关键技术，研发了非热杀菌保鲜技术与装置、冷却肉品质控制技术与装置、提升传统粤式腊味肉制品加工技术等，实现了高值化加工和技术产品升级。四是开发了农产品品质快速无损检测、农残兽残快速检测、质量分级等农产品新型检测技术，实现了快速无损在线检测。

（二）基本经验

农业行业科研专项良好的实施成效，得益于立足产业、服务产业的科学定位，得益于广大科技人员的辛勤劳动，同时也与管理创新密不可分。

1. **建立了产业需求导向的立项机制。**在选题立项上，坚持立足农业部重点工作，始终做到“课题来源于生产”。2013年初农业部相关行业司局依据“十二五”公益性行业（农业）科研专项重点项目计划，并根据新的生产需求，凝练项目建议，按照“重要性、必要性和紧迫性”原则排序，并以司发函正式推荐项目。在具体任务分配上，既持续提升主要农产品科技生产力发展水平，又不断培育园艺、小农作物等市场急需品种与技术的科技供给能力；既注重耕作制度、农艺栽培等传统技术的更新和优化，又强化设施装备、智能信息、轻简栽培等现代技术的替代和配套；既加强水、肥、土、气等农业生产元素的综合使用，以提高综合生产能力，又优先发展生物技术、环境保护技术等，以实现有限资源的高效可持续利用。在支持区域分布上，在强化主要农产品供给等国家战略需求的同时，充分发挥市场的引导作用，加强对优势区域、优势产业、优势产品的技术扶持，努力实现国家战略、区域治理和市场引导的有机统一。以产业需求为导向，把科技资源配置到农业生产急需科技支撑的重点领域和环节，使重要的农业生产技术问题都能有科技人员关注和着力攻克，推进了农业科技与农业生产的紧密结合。

2. **建立了以解决生产实际问题为主的评价考核机制。**专项的定位就是支撑引领农业产业发展，绝对不能成为一个单纯为科研、为论文、为评奖、为职称的项目。在项目评价和验收上，坚持淡化论文等指标，突出创新成果在试验示范中的实际表现和对农业生产的实际贡献，尤其注重农业生产综合技术措施到户到人、降低农业灾害损失率到位到底、农业机械作业量到田到顶。在项目考核、验收时，都邀请行业司局共同组织，7 位验收专家中，有至少 4 位来自行业管理、技术推广和行业协会等技术用户。这些生产型专家，对于成果能否在生产实践中产生实际效果有真正的发言权，也能客观评价该项目是否把握了服务农业生产的基本定位、是否做到了成果应用于农业生产实践。

3. **完善了联合协作机制**。立足农业科技涉及产业链条长、学科多、覆盖全国各生态区的基本特点，着力打破部门、区域、学科和单位界限，努力在深化协同创新上下工夫。目前，专项共涉及 754 个科研单位，其中农业部所属单位 83 个，教育部所属单位 34 个，中国科学院所属单位 16 个，其他部门所属单位 19 个，地方所属单位 602 个，共有 6 609 个农业科技人员参加。与此同时，专项强化了与现代农业产业技术体系的衔接，加强与农业领域重点实验室等基地平台建设的衔接，加强与农业科研杰出人才等人才团队建设的衔接，加强与基层农技推广体系衔接，加强与重大科技专项和“973”、“948”等其他科技计划的衔接，通过项目、基地、人才的有机融合和立体交织，实现在不打破现有体制框架下，按照农业的产前、产中、产后和科研的上、中、下游，合理配置科研资源，确保农业科研的关键环节、重点领域能够得到有效支持，努力把科技力量配置由重复分散转向科学分工与联合协作相结合。通过项目的组织实施，把几乎所有的优势农业科技力量都聚拢起来，组织大家共同围绕产业发展重大问题，群策群力、合力攻坚，形成了支撑农业产业发展的强大科技合力。

4. **探索了科企合作机制**。增强企业创新能力，推动企业成为技术创新主体，是解决科技与经济结合问题的重要途径。专项在实施中，积极鼓励和支持农业企业与科研单位联合承担项目。目前，“隆平高科”、“福田雷沃”、“江苏雨润”等 109 家农业企业参与了专项的科研与试验示范工作，获得中央财政经费 21 600 万元。通过与科研单位共同实施项目，初步建立了惠益共同分享、产权有效保护等科企合作的协同创新机制，加速了科研成果向生产一线的转移和应用，提高了创新效率。企业在与科研单位的合作中，熟悉了本领域科研新进展，带动和培养了企业自己的科研骨干，增进了企业自主创新能力；科研单位的专家也进一步熟悉了生产领域，了解了企业等生产部门的技术需求，清晰了本领域的创新重点。

三、转基因生物新品种培育重大专项实施情况

生物技术是 21 世纪世界经济发展的新引擎。转基因技术作为现代农业生物技术的核心，在缓解资源约束、保障食物安全、保护生态环境、拓展农业功能等方面已显现出巨大潜力。2008 年 7 月 9 日，国务院第十六次常务会议审议并原则通过转基因生物新品种培育重大专项总体实施方案。转基因重大专项以产品和产业需求为导向，以水稻、小麦、玉米、大豆、棉花五大作物和猪、牛、羊三类动物为对象，突破功能基因克隆与验证、规模化转基因操作、生物安全评价三大核心技术；建立和完善优异种质创新、新品种培育和规模化制种三大技术平台；重点培育抗病虫、抗逆、优质、高产、高效等重大转基因生物新品种，推进产业化应用，壮大新兴生物技术产业，促进种植业、养殖业科技进步并带动现代种业的发展。2013 年是完成转基因专项“十二五”实施计划的关键一年。通过加强顶层设计、强化过程管理，认真做好专项实施管理和评估总结工作，转基因重大专项推进有序，成效显著。

（一）加强统筹协调和组织管理

组织召开转基因专项 2013 年组织实施推进会，认真总结了专项实施 5 年来所取得的重大阶段性成果并获得农业部领导的充分肯定，研究

明确了“十二五”后两年主攻方向和主体目标，部署了2014年实施计划、生物安全和组织管理等重大任务，增强了推动转基因专项实施的自信心和紧迫感，组建新一届咨询委员会、总体专家组和项目执行专家组，形成专项行政管理和技术管理合力，为保证专项的顺利实施发挥了重要作用。2013年7月31日，转基因专项管理办公室（以下简称专项办）主任张桃林副部长参加国务院召开的国家科技重大专项工作会议，向刘延东副总理汇报了专项实施进展和成效，提出了聚焦目标、突出重点、顺利推进的专项实施思路，得到了国务院领导的肯定。

（二）加强战略研究和制度建设

围绕全球和我国农业转基因研究应用现状、对转基因争论的分析研判和我国发展转基因的工作重点等重大问题，加强对转基因工作的发展战略研究，及时向党中央、国务院呈送报告，提出要坚定不移推进转基因重大专项实施，积极稳妥推进转基因技术研究应用，保证转基因生物育种产业健康有序发展，为国家发展转基因提供了决策依据，得到了中央领导的充分肯定。研究出台了《转基因生物新品种培育科技重大专项知识产权管理实施细则》，进一步强化了专项的知识产权管理，明确了成果的归属、保护、转移和运用制度，促进了专项自主知识产权的创造、运用、保护和管理，转基因重大专项管理制度体系已经建立并日趋完善。

（三）认真组织课题验收和复查验收

按照客观公正、科学评价、讲究实效、专家回避的思路和原则，采取“生产考核品种、品种考核基因、全程考核安全”的评价模式，邀请技术、管理、企业、生物安全、财务等领域专家组成任务和财务验收专家组，分别对专项滚动实施的重大课题获得的新品种、新基因、新技术等重要成果以及经费使用情况进行了严格地验收评价。同时，对2012年未通过验收的部分重点课题，专项办会同农业部财务司严格把关，督促整改，各课题承担单位根据专家组验收意见进行整改落实，根据专项管理办法要求以及各课题整改情况，对未通过的课题进行了复查验收。另外，专项办组织专家对已提交验收申请并完成财务审计的10个条件能力建设项目进行了摸底调研，全面把握和客观评估转基因重大专项条件能力建设项目合同任务完成情况和经费使用情况，研究提出项目验收的组织方式，制定了专门的项目验收具体办法，为项目验收奠定了基础。

（四）科学编制2014年立项实施计划

按照“三部门”确定的综合平衡时间表和财政部设定的部门预算进度，专项2014年立项课题须在2013年6月底前完成立项评审。根据转基因专项总体实施方案和“十二五”实施计划，专项办组织总体组专家编制完成了专项2014年度实施计划。在时间紧迫、任务艰巨的情况下，专项办倒排时间表，加班加点、夜以继日地组织专家对2014年立项重大课题进行了论证评审，同时在网上发布2014年度重点课题的申报指南并组织专家对846个申报课题进行了形式审查和网络评审，高效率、高质量地完成了专项2014年立项任务，中央财政预算投入13.6亿元。目前，专项2014年实施计划已经通过“三部门”进行综合平衡和财政部预算评审，经初审，审定中央财政经费11.7亿元，调减比例约13%，与其他专项相比，调减比例最低，确保了专项课题的系统衔接和顺利实施。

（五）组织开展专项督导检查

为落实2013年7月31日国务院研究加快推进科技重大专项有关工作的会议精神和要求，进一步加强转基因专项组织管理，落实专项任务部署，掌握专项实施进展，专项办组织有关技术总师及生物安全、知识产权、财务和管理专家分成4个组，由教育部、中国科学院、中国工程院和农业部分别牵头，采取“交叉检查、点面结合”的方式，对49家单位承担的87个专项在研课题的完成情况、主要进展和存在问题等进行了系统的梳理、总结和评估，并向专项办和总体专家组通报督导检查结果，为客观评价专项5年工作和科学聚焦专项目标奠定了基础。

（六）全力做好专项中期评估

按照国务院民口科技重大专项推进会关于中期评估的任务部署，国务院委托中国工程院对转基因专项进行中期评估。专项办会同总体专家组，在深入总结专项5年工作的基础上，完成了《转基因重大专项中期评估自评价报告》以及关键基因、品种等重大成果的佐证材料，并向评估专家组进行了专题汇报，梳理凝练出了高产优质转基因抗虫棉、抗虫转基因玉米等10个重大标志性成果、10个重大成果、10项关键核心技术以及10个重大研究进展，总结分析了转基因专项实施对我国农业科技原始创新能力、协同创新能力和农业产业发展支撑能力的提升推进作用。按照评估专家组的要求，组织召开了专项项目执行专家组、参与专项实施企业等5个座谈会，保证了专项中期评估工作的有序顺利开展。

转基因重大专项启动实施以来，形成了一批重大标志性成果和重大成果，转基因研发逐步呈现出后来居上的态势，研发水平和技术能力实现了总体跨越、部分领先。一是新培育转基因抗虫棉品种102个，累计推广2.11亿亩，实现经济效益210亿元，并产生极大的社会生态效益。二是挖掘了一批新型抗虫、抗除草剂等基因，打破了发达国家和跨国公司的技术垄断；加快了无选择标记、外源基因删除、定点整合等转基因新技术的研究和应用，研究制定环境安全新技术69项、食用安全新技术30项、检测监测新技术95项，提升了转基因育种和生物安全的技术保障能力。三是培育出抗虫水稻、高植酸酶玉米、抗虫玉米、高品质奶牛等一批具备产业化能力的转基因新品种（系），在新品种培育的不同阶段已形成金字塔形成果储备，具备了持续培育出转基因生物新品种的技术能力，使我国自主基因、自主技术、自主品种的转基因生物新品种培育迈上了新台阶，产业化蓄势待发，为推进现代农业发展奠定了坚实基础。2013 年国家知识产权局专利分析表明，我国转基因技术领域总体研发水平发展态势良好，与发达国家差距不大；个别领域甚至取得了世界一流的科研成果，为产业化储备了相当数量的功能基因和一些转基因作物品系；在作物转基因技术上拥有了较强的技术优势和人才力量，在一些领域具备了和跨国公司竞争的能力。

四、国际先进农业科学技术引进与交流情况

引进国际先进农业科学技术计划（以下简称“948 计划”）项目是由农业部、水利部和国家林业局组织实施的重大农业科学技术计划项目，农业部年度经费 1.1 亿元，至今已执行了三个五年计划。“948 计划”坚持产业导向，坚持技术引进与原始创新、集成创新相结合，进一步缩小了我国农业科技与世界先进水平的差距，在克服我国农业生产发展瓶颈，促进农业科技进步，提升我国农业科技自主创新能力和国际竞争力等方面取得了显著成效。

“948 计划”2013 年共安排项目 137 项。其中重点项目 37 项，主要引进优质特用新品种与材料，抗逆、特异生物种质资源以及现代农业产业发展中急需的关键技术、传统产业提升的系统性技术、现代农业建设的战略性储备技术，并集成国内现有研发基础进行创新和推广。提升农业部重点实验室国际合作能力类项目 24 项，主要从现有农业部重点实验室中遴选具有较好国际合作基础、涵盖不同学科领域的实验室，围绕其重点研发方向与国际同类先进的科研机构实验室开展合作，引进国际优秀科学家来实验室合作研究，派出技术骨干到对口合作机构进行培训和交流。自由申报项目 76 项，主要是充分考虑农牧渔等各行业的发展

重点以及不同区域发展特点，经专家评审，从各省级农业（畜牧、农机、渔业、农垦）行政主管部门、农业部部属单位、共建高校等单位推荐的项目择优支持，项目经费主要用于贸易购买、合作研究（包括聘请专家、人员派出）以及引进技术的消化吸收和推广。

（一）引进优质、抗逆、特异种质资源，进一步提升我国粮食安全保障能力

2013 年针对优质、专用、高效的产业需求和农业发展需求，引进和发掘优质特用新品种与材料、抗逆生物种质资源、特异生物种质资源等，共收集到水稻、小麦、玉米、大豆、果树、小杂粮等农作物种质资源和材料 5 400 多份，利用引进的种质资源，培育出 60 多个新品种，有 38 个品种参加不同级别审定。收集引进水稻、小麦、玉米、燕麦等优异和特色资源 1 241 份，引进具有抗旱、抗低温糖化特性马铃薯品种（系）120 份，引进果树资源 228 份，引进标准菌株和各类高效菌株 86 株，极大地丰富了我国的种质资源。

（二）引进重大产业转型技术，进一步提升农产品种养、加工及安全生产能力

针对我国农业设施装备现代化、农产品加工增值增效、保障农产品质量安全等需求，引进鲜活农产品质量安全快速检测关键技术、农产品违禁药物和非法添加物关键检测技术、农产品天然污染物监控技术、农产品真实性识别及溯源关键技术和农产品小分子农药残留微流控芯片高通量检测设备，建立的农产品质量安全关键检测技术及配套前处理技术共检测实际样品 3 700 余份，为我国农产品质量安全的控制提供有力保障。引进大豆蛋白挤压组织化过程模拟技术、高质量油菜饼粕蛋白制备关键技术、薯类蛋白絮体干燥脱水技术、超声波工业化提取制备苹果多酚技术等农产品加工关键技术和配套设备，推动农产品精深开发和产业化。引进秸秆直接还田快速腐解菌株、堆肥高效除臭微生物菌株，通过创新获得适合于畜禽粪便堆肥的高效原位除臭菌剂和适合于稻草直接还田快速降解的高效有机硅助剂，在江苏、安徽等省推广研发的高效堆肥“起爆剂”332吨，处理农业废弃物332万吨，产生经济效益2 600多万元，大幅提升了农业生产中的资源利用效率。

（三）引进前瞻性高新技术，进一步突破动植物遗传育种、精准农业等瓶颈问题

针对动植物遗传育种中性状解析不够、基因资源缺乏的瓶颈问题，引进水稻高密度SNP芯片，完成栽培稻微核心种质的全基因组测序工作，为粒重水稻新品种改良提供了候选标记，并育成优质高产新品种中广优2号，增产5%以上。引进Ion torrent测序技术，完成中国地方鸡、鸭种的重测序分析，推进了基因组技术在猪、鸡育种中的全面应用培育。围绕我国农业精准化、信息化的需求，引进全球农业监测系统（GLAM）体系、农作物定量遥感反演技术和日本UAV无人机低空遥感图像处理技术，完善现有农情监测系统体系，提高农作物重要生物参数定量反演产品的精度，提升我国遥感监测系统业务运行能力。引进农田作业机械导航控制系统，研制出拖拉机自动导航控制技术与系统和轻简型农田作业机械智能转向操控技术装置，实现精准施肥、精准施药，推广应用面积累计达到将近2 500余亩，辐射面积达到2万亩。培训生产、服务等技术体系专门人才400余人。

（四）引进应对全球挑战新技术，进一步增强应对农业灾害、应对全球气候变化等重大突发事件的应对能力

针对我国气候变化农业应对技术，引进农业高精度传感和网络监测技术，通过消化吸收实现了作物生长发育的主要环境与气象参数的精准化监测，弥补农作物气候评价与应急管理的不足。针对重大动物疫情与病虫草害对农业的威胁，引进天敌昆虫发育调控与扩繁技术、寄生蜂扩繁技术体系及释放技术，引进害虫特化性信息素控制释放和应用技术，研究适合我国国情的天敌昆虫的繁育、包装及释放应用技术，极大减少化学农药的使用量，对农产品安全和品质提升、改善以及生态环境均有促进作用，取得了良好的社会效益和生态效益。针对我国农田面源污染严重、耕地质量下降等问题，引进水土污染物质的监测技术与污染防治技术、土壤水及地表水质快速检测技术等相关技术 5 项，土壤多层次水样系列采集器等设备 20 套（台），通过消化吸收实现水质自动实时监测，做到对水土污染的快速监控与报警。引进和掌握土壤生态特性退化综合评价模型，建立了我国草地土壤生态特性退化数据，改良农业土壤侵蚀，使农业生态系统稳定化。针对生物质能源开发利用技术的薄弱环节，引进并构建沼气工程过程优化控制系统，实现农林废弃物、城镇生活有机垃圾沼气工程的过程优化控制。

（五）引进农业科研新理念、新方法，进一步提升农业科技国际合作交流能力

以搭建平台、创新理念、提升国际合作水平为目标，“948 计划”支持农业部重点实验室围绕其重点研发方向与国际顶尖科研机构建立合作。通过“中英农产品溯源研究协作平台构建与有机猪肉溯源综合检测技术引进”项目，中国农业科学院质量标准研究所和英国食品与环境研究院建立合作，引进代谢组学的研究方法及环境微生物实验室生物标记物鉴别指纹图谱技术，建立我国有机猪肉综合溯源鉴定技术，推动我国农产品溯源鉴别研究发展。通过“兽药残留新型检测技术国际合作与交流”项目，华中农业大学与荷兰瓦赫宁根大学建立合作，引进并建立兽药残留生物传感器和检测液相芯片检测方法，提高了动物源产品及其制品的安全和质量等级，此技术获湖北省科技进步一等奖。通过对农业部重点实验室国际合作能力项目的支持，搭建了良好的合作平台，促进了人员交流，进一步提升了国际合作能力，为我国自主创新打下良好的基础。

五、农业重点实验室体系建设

2013年，农业部把重点实验室建设作为科技工作的重要内容，针对农业领域重点实验室整体布局不够完善、协作不够密切、分工不尽科学、条件建设比较滞后、运行不够顺畅等问题，农业部制定并印发了《全国农业科技创新能力条件建设规划（2012—2016年）》，围绕着30个农业“学科群”，主导部署一批农业部重点实验室、野外观测试验站。力争通过努力，到2016年，围绕国家农业科技重大战略需求，建设33个综合性的农业部重点实验室；围绕现代农业产业发展和学科建设的需求，建设200余个专业性和区域性重点实验室（其中30余个依托涉农企业建设）；围绕科学数据获取，建设300个左右的野外观测试验站，基本形成布局合理、任务明确、协作紧密、运转高效的“学科群”农业部重点实验室体系，并与现代农业产业技术体系和推广体系紧密衔接，使得农业科技的自主创新能力得到较大提升，农业科技服务和引领产业发展的水平显著增强，农业科技创新人才不断涌现，涉农企业技术创新能力得到增强，科技资源得到有效整合，最大程度实现开放、共享，显著提高我国农业科技支撑能力。

（一）规划建设

1. **总体规划**。一是坚持统筹规划、合理布局。强化顶层设计，围绕国家发展的战略需求，按照不同地区农业资源禀赋，结合研究机构学科发展的状况，科学统筹，突出重点，合理布局。二是坚持政府主导、部门协作。在充分发挥国家和地方政府公共科技资源供给主导作用的同时，加强部门间协作，充分调动高等院校、科研院所、中介机构、行业协会和企业等方面的积极性。三是坚持产业导向、稳定支持。围绕产业发展和地方经济建设的需要，定向建设一批优势实验室，并在经过科学评估的基础上，予以稳定和持续支持。四是坚持创新机制、强化管理。以资源共享为核心，打破资源分散、封闭和垄断的状况，积极探索有利于重点实验室发展和壮大的管理体制和运行机制。五是坚持立足现有、稳步推进。按照整合、共享、完善、提高的要求，充分发挥现有重点实验室的积极性，有效调控增量、激活存量，分阶段积极稳妥地推进综合性重点实验室、专业性/区域性重点实验室和农业科学观测实验站建设工作。

2. 体系结构。综合性重点实验室主要依托优势科研和教学单位，从现有农业领域国家重点实验室和其他优秀的农业部重点实验室中遴选产生。专业性与区域性农业部重点实验室主要以现有农业部重点实验室为基础，根据区域性产业需要新建一批。野外观测试验站建设，主要以农业部已命名建设的68个野外台站和产业技术体系建设的970个试验站为基础，与农业部即将开展的现代农业示范区建设工作相协调，按照自然生态区域和重点实验室的需要进行布局。

3. 区域布局。根据各地区的资源禀赋、经济发展水平和主导产业发展需求，从全局出发，系统考虑专业性、区域性重点实验室在全国的布局安排。200余个专业性、区域性重点实验室和300余个野外科学观测试验站的布局以科学规范的区域划分为依据，确保主要区域都能够有所覆盖。

（二）取得的成效

农业部重点实验室体系建设得到了全国农业科技界的广泛支持和参与，近20位院士百余次参加了咨询和论证工作，50%以上的省级农科院院长和农业大学的校长提出了建设性意见。2013年，农业部重点实验室全面转入建设阶段，在国家发展和改革委员会的支持下，试点启动了8个学科群农业部综合性重点实验室、专业性/区域性重点实验室和农业科学观测实验站建设，投入资金2.2亿元。一年多来，30个学科群农业部重点实验室还按照《农业部重点实验室管理办法》，建立和完善了分工协作、学术交流、资源共享和综合性重点实验室牵头等运行机制，取得了积极成果。

1. **形成农业科技协同创新新格局。**农业部重点实验室从学科、区域、产业三个维度向所有农业产区集成延伸，囊括全部优势农产品产业，覆盖主要农业学科领域和优势单位，形成一个纵横交错的农业科技平台纽带和创新网络。汇聚了农业领域基础设施、仪器设备、人员团队等优势科技资源，基本实现在国家层面农业科技资源的统筹协调与优化整合，创建了上下贯通、大联合、大协作的协同创新体系。

2. **成为农业科技创新主力军。**各综合和区域重点实验室针对行业需求，开展行业关键技术研发，提高了科技对农业产业的支撑能力和对学科发展的引领能力。农业部重点实验室 2012 年取得农业领域国家科技进步发明奖 3 项，占 75%；国家科学技术进步奖 19 项，占 80%。共发表论文 20 979 篇，其中 SCI 收录的国际论文 6 515 篇，申报和获得专利 2 716 项，获得国家和省部级科技奖励 400 余项。近两年 80%以上农业科技成果都是在各类科研计划的资助下，从农业部重点实验室“学科群”体系产生的。

3. **成为科技创新活动的策源地。**“学科群”综合性重点实验室、区域性重点实验室和观测实验站分别立足不同层次，找准自身定位，通过交流协作，紧紧围绕前瞻性、基础性农业科技问题以及国家重大需求和领域共性问题，凝练和组织重大科技项目。2011—2012 年，由 30 个“学科群”策划、组织并承担的各类国家重要科技计划项目 436 项，总经费近 4 亿元。

4. **成为集聚和培养高端农业科技人才主阵地。**吸引和凝聚了一批优秀农业科技人才，有效构筑支撑农业产业发展的人才梯队。目前“学科群”有院士 19 名、国家级“百千万人才”28 名、国家级突出贡献专家22名、长江学者特聘教授和杰出青年基金获得者65名，培养博士生2 127余人。国家人才支撑计划中农业科研杰出人才及其创新团队82%来自学科群实验室体系，集聚的高端人才数超过农业领域的50%。

六、促进企业开展农业科技创新

为深入贯彻落实《中共中央　国务院关于深化科技体制改革加快国家创新体系建设的意见》（中发〔2012〕6号）、《国务院办公厅关于强化企业技术创新主体地位　全面提升企业创新能力的意见》（国办发〔2013〕8号）精神，农业部采取多项措施，着力提升企业在农业科技创新中的地位，引导企业开展农业技术创新。

（一）印发《农业部关于促进企业开展农业科技创新的意见》

从着力提升企业在农业科技创新中的地位、引导和支持企业主持或参与承担农业科技项目、支持企业建立高水平研发机构、建立农业科技资源开放共享机制、促进农业科技人才资源的合理配置、鼓励和引导企业开展农业技术服务、充分利用社会力量和财政金融政策支持企业开展农业科技创新等七个方面提出了具体的政策措施。

（二）积极推动涉农企业与科研院所、高等学校开展协同创新和产业化协作，创新科企合作模式

1. 积极推动中化化肥有限公司与农业科研院所和涉农大学开展协同创新和协作推广。支持中化化肥有限公司与中国科学院、中国农业科学院、吉林省农业科学院、西北农林科技大学、华南农业大学、南京农业大学等共同申报和承担国家科技项目，攻克行业关键共性技术。支持中化化肥有限公司与中国农业科学院、华南农业大学、国家杂交水稻工程技术中心等深入开展产学研合作，加快科技成果转化和推广应用。

2. 积极推动北京大北农集团与北京市农林科学院协同创新。基于北京市农林科学院在玉米、大豆转基因研究方面的基础与积累以及北京大北农集团在科研条件、科技创新理念与市场化运作方面的基础与优势，农业部科技教育司牵线搭桥，积极推动北京大北农集团与北京市农林科学院根据自身特色和优势，进行分工协作，并制定出了明晰的科技成果产业化合作协作方案和工作时间表。

3. **积极推动中国农业科学院科企合作。**中国农业科学院作物科学研究所与北京德农种业有限公司、北京屯玉种业科技股份有限公司等8家种子企业共同成立“中玉科企联合种业技术公司”，创建了“1＋8”科企合作模式，实现了种业创新环节科研单位与种子企业、基础研究以及商业化育种上下游间的实质合作，同类种子企业由竞争关系变为合作关系，由松散合作向紧密合作转变。通过“1＋8”模式中种质创新、生物育种、品种测试等3个平台的构建，共筛选出30份抗病、耐密植、抗倒伏的玉米种质资源，构建了瑞德-郑58系列、黄盖系列和Mo17系列三大玉米基础群体，测试筛选出15个综合表现好的新品种，大大加速了我国玉米新品种选育，种质资源筛选与创制方面取得了明显成效。

（三）充分发挥院企现有基础条件与优势，引导院企共建研发基地和创新团队

在共建研发基地方面，农业部组织广东恒兴集团与中山大学、中国水产科学研究院、中国热带农业科学院、上海海洋大学、广东海洋大学建立南海现代海洋渔业重大科技创新基地，建设了海水养殖种业工程、海水养殖饲料、健康高效养殖技术、海洋生物产品与加工利用等4个创新平台；国家海水养殖种子工程南方基地、海洋生物特种饲料产业化示范工程基地以及南海深水网箱产业园等3个产业化示范工程基地；1个多功能的产业公共服务平台。

在创新团队建设方面，农业部充分发挥华中农业大学的学科优势和中国种子集团的产业优势，积极推动中国种子集团与华中农业大学联合培养创新团队。通过采用“双导师”制联合培养专业学位研究生，从中国种子集团严格选拔一批具有较强科研能力和科研指导能力的兼职导师，并根据开展情况逐步扩大培养规模，着眼打造生物种业高级人才。华中农业大学协助中国种子集团申报设立企业博士后流动站，以加强更高层次人才培养合作。华中农业大学与中国种子集团联合共建武汉生命科学技术中心，并以该中心作为学校本科生教学实习基地。

（四）培育有较强创新能力的科技领先型涉农企业

一是在100多家具有一定科技创新条件和研发能力的企业中，遴选确定29家企业作为农业部重点实验室建设依托单位，涵盖了农业部“学科群”体系中的20个学科群，有利于加强企业与科研院所和高等院校的联合与协作，提升企业的自主创新能力，强化企业在技术创新中的主体地位，大大促进以企业为主体、市场为导向、产学研相结合的技术创新体系建设。

二是通过开展交流培训、组织农业部部属企业参与项目申报设计等措施，积极引导企业参与和主持各类农业科技项目。2013年，申报推荐组织过程中，农业部向科学技术部推荐的56个农转资金项目中，企业牵头申报的有10项，比上年增加8项，其余46个项目也基本由科研单位牵头与企业联合实施。2014年转基因重大专项拟立项的164个项目中，3项由企业牵头，33项有企业参与，有效引导和支持涉农企业主动开展农业科技创新。

七、推动农业技术推广和科技成果转化应用

（一）农业科技成果转化交易服务平台建设运行情况

由农业部科技教育司主办，中国农学会承办，中国农业科学院、中

国水产科学研究院、中国热带农业科学院及各省（自治区、直辖市）农科院、农业大学等多家单位共同参与建设的全国农业科技成果转化交易服务平台（http：//www. nzhw. org，以下简称“平台”）于 2013 年 9 月 26 日正式上线试运行。

“平台”下设资源汇集、成果评价评估、成果交易等 8 个子服务平台，是为农业科技成果转化交易各方提供政策支持、成果供需发布、专家咨询、产学研合作、价值评估、交易服务、科技投融资等全方位服务的平台。“平台”主要特点为：成果全方位发布展示的汇聚港，成果多渠道交易转化的集散地，高层次专家服务咨询的人才库；成果一站式转化交易的服务站；农业科技成果的虚拟展览馆。

截至 2013 年底，“平台”已经拥有了 2 585 项农业科研成果、339 家农业科研教学单位、304 家企业、1 475 家中介机构和 3 075 名农业科技专家信息。“平台”已经具备了为农业科技成果转化和交易各方服务的基本功能。

为了充分体现农业科技成果的特性，与“平台”上的成果虚拟展示相结合，建设了“国家农业科技成果转化交易展示中心（廊坊）”（以下简称“展示中心”）。“展示中心”占地 3 600 米^2，首批展示了 150 多项农业科技成果。已有 5 家单位达成了成果转化意向，并签署了成果转让协议。通过将农业科技成果在“展示中心”进行实体展示，有助于进一步推进农业科技成果的转化交易。

下一步，“平台”将按照公益性与经营性相结合的原则，为各级农业科研教学单位的成果持有者和农技推广单位、企业的成果转化者搭建成果信息发布、咨询、评价评估、展示交易以及熟化等全方位的服务平台，促进产学研用结合，并积极为各级政府和相关决策机构提供政策咨询建议。“平台”工作的开展，将有助于提高农业科技成果转化率，促进科技和经济的更加紧密结合。

(二)基层农技推广体系改革建设情况

2013年，农业部认真贯彻落实中央关于基层农技推广体系改革与建设的部署和要求，在相关部门的大力支持下，以改革创新精神深入推动基层农技推广体系建设，取得了新的进展和成效。

1. 推动《中华人民共和国农业技术推广法》贯彻落实，强化法制保障。印发了《农业部关于贯彻实施〈中华人民共和国农业技术推广法〉的意见》(农科教发〔2013〕1号)，对全国农业系统学习贯彻《中华人民共和国农业技术推广法》作出工作部署。会同全国人大常委会法制工作委员会、农业与农村委员会编印《农业技术推广法释义》、《农业技术推广法导读》法律学习宣传材料。举办《中华人民共和国农业技术推广法》学习贯彻师资培训班，对农业部部属单位、地方农业部门、农业科研教学机构等单位130多人进行专门培训。以“学习贯彻《农业技术推广法》，深化基层农技推广体系改革，增强农业技术推广服务能力”为主题，组织开展了征文活动，有效地推动了法律的宣传普及。

2. 继续推进农技推广体系“两个覆盖”政策落实，强化投入保障。认真组织实施基层农技推广体系改革与建设补助专项，落实中央经费26亿元；印发项目实施指导意见，举办项目管理培训班、项目信息管理员培训班，对实施目标、主要任务、实施工作内容等提出明确要求，强化项目管理；开展项目绩效考评，建立考核结果与项目经费分配挂钩机制，提高项目实施效果。认真组织实施乡镇农技推广机构条件建设项目，争取国家发展和改革委员会支持，落实2013年中央投资8亿元；指导各地做好项目实施，落实配套投资及相关扶持政策，保障乡镇农技推广机构条件建设有效发挥作用。

3. 实施特岗计划，加强人员培训，提高农技推广队伍业务素质。会同人力资源和社会保障部等部门印发了《关于实施农业技术推广服务特设岗位计划的意见》(农科教发〔2013〕11号)，在全国启动实施农技推广特岗计划，探索逐步建立基层农技人员补充的良性机制。实施万名农技推广骨干人才培养计划，全年培训 3 500 名农技推广骨干人才。其中，中央级培训 17 期，每期 100 人，并选派 100 名骨干人才到相关产业技术体系进行培养。通过异地研修、集中办班和现场实训等形式，分层次、分专业对基层农技人员开展知识技能培训，全年培训 26 万人次。

4. **加强基础工作，夯实体系发展基础。**发布国家农技推广机构标识，打造农技推广机构整体形象。启动基层农技推广体系管理信息系统运行，采用“实名制”方式录入农技推广体系机构队伍数据信息，提高了基层农技推广体系统计调查信息的准确性，及时掌握了基层农技推广体系动态情况，推动了基层农技推广体系规范化管理。对全国基层农技推广体系 2012 年发展情况进行了系统分析，形成了全国基层农技推广体系机构、队伍、财政保障、基础条件、履行职责等方面专题分析报告 5 篇。围绕《中华人民共和国农业技术推广法》和中央 1 号文件关于强化基层农技推广机构工作经费保障规定，组织开展调研，为研究制定相关政策提供参考和依据。

5. **加强调研督导和总结交流，推动政策法规落实。**对 12 个省（自治区、直辖市）开展基层农技推广体系改革与建设进行了调研督导，及时了解掌握了各地体系改革建设工作进展，有效推动地方加快相关政策法规落实。召开了全国基层农技推广体系改革建设现场交流会，交流了各地贯彻《中华人民共和国农业技术推广法》、深化基层农技推广体系改革建设进展和成效，学习了浙江省近年推进体系改革建设的做法和经验。

（三）农业科技服务情况

围绕“两个千方百计、两个努力确保和两个持续提高”的目标，创新科技服务机制，2013 年全程全力开展科技服务，全面推进农业科技进村入户，助力生产、生活、生态“三生和谐”发展。

1. **科技服务助推农业生产发展。**大力开展农业科技服务“送、带、促”活动，实行专家定点联系到县、农技人员包村联户制度，构建“专家组＋试验示范基地＋农技推广人员＋科技示范户＋辐射带动户”的农业科技成果快速转化通道，培育200多万科技示范户，辐射带动3 000万周边农户，推广160个主导品种和100项主推技术。以产业为导向，以50个农产品为单元，现代农业产业技术体系1 051名岗位专家、1 144名综合试验站站长、2 195名团队成员、近3万名示范基地专业骨干，建立10 006个示范基地，通过试验、示范和培训指导，实现农业科研与推广的对接。开展冬春科技大培训，广泛发动全国农业科技人员进村入户，深入田间地头开展手把手、面对面的农业技术指导和服务，为全年粮食生产夯实基础，全面推进农业科技进村入户，提高科学种养水平。

2. **科技服务促进农民增收致富。**组织全国20多个水稻优势科研教学单位的200多名专家组成6个协作组，在17个水稻主产省开展超级稻“双增一百”科技行动，全年示范推广超级稻1.31亿亩，实现比非超级稻亩增产60千克、节本增效100元的目标。实施东北地区玉米“双增二百”科技行动，通过专家指导、农技人员包片、玉米王挑战赛等多种形式开展科技服务，实现6 000万亩的玉米亩增产100千克，节本增效200元的目标。大力开展农民职业技能和创业培训，培育新型职业农民。以种养大户、家庭农场、农民合作组织、农业社会化服务组织等新型经营主体中的骨干农民为重点对象，围绕主导产业，多层次、多渠道开展农业技术培训，突出生产实践能力训练，提高新型职业农民发展水平，促进农民增收致富。

3. **科技服务支撑农业生态文明。**以促进农业生产发展、人居环境改善、生态文化传承、文明新风培育、体制机制创新为目标，以生产、生活、生态“三生和谐”为总要求，以农村环境整治为突破口，拓展和提升新农村建设内涵，在全国开展美丽乡村创建活动，通过“目标引导、科技支撑、政策扶持、典型示范、宣传推广”，激发乡村作为创建主体的积极性，同时引导地方政府、科研单位和其他社会力量积极参与，按照科学设定的《创建目标体系》和创建路径，用3年时间在全国试点建设1 100个美丽乡村。开展“美丽乡村快乐行”活动，组织农业专家、本山传媒集团演员通过科技直通车和大篷车送技送戏下乡，带动农技推广服务和乡村文化建设，在黑龙江、辽宁、福建、江西、湖南等5个省举行了15场巡回文化演出和送科技下乡活动，在农民群众中引起强烈反响。将美丽乡村创建与农业农村环境能源工作结合起来，推动农村沼气建设，加大农业面源污染防治力度，推广节能减排技术，推进废弃物的资源化利用，改善农业农村生态环境。

八、加强农业科技执法

（一）加强转基因生物安全管理

2001年国务院颁布实施《农业转基因生物安全管理条例》（以下简称《条例》）以来，我国已经形成了一套适合我国国情并与国际接轨的法律法规、技术规程和管理体系，实现了对转基因技术研发的全过程管理，确保人体健康和动植物、微生物安全和生态环境安全。近年来，随着对转基因法规的普及宣传，管理工作进一步规范，执法工作进一步严格，各级农业行政主管部门、研发单位、经营单位都把转基因安全管理工作放在重要位置，法制意识进一步增强，管理工作受到高度重视，转基因研发工作在法规范围内有序进行，保证了我国转基因研发工作的健康发展。

1. 加强安全评价。根据《条例》及配套规章规定，我国对农业转基因生物实行分级分阶段安全评价制度，并建立了由农业、科技、卫生、食品、环保、检验检疫等12个部门组成的部际联席会议。在相关部门推荐的基础上，遴选出相关领域公正客观、技术业务扎实、学术水平较高的专家，组建了国家农业转基因生物安全委员会（以下简称安委会），负责转基因生物安全评价。

2013年5月，顺利完成安委会换届工作。按照“三增一减”的原则，增加了食用安全、环境安全与生态保护方面的专家，减少了转基因育种专家，吸收了熟悉产业的委员；经农业转基因生物安全管理部际联席会议成员单位共同推荐，研究确定了第四届安委会委员，包括了从事农业、医药、卫生、食品、环境等方面的专家64名。同时，制定并印发了《农业转基因生物安全委员会工作规则》，并对新任委员进行了培训，进一步规范了安委会评审工作，明确了安委会委员的权利和义务，提升了安全评价工作的科学性。

2013年5月，制定并印发了《农业部科教（转基因）行政审批工作规范》。目前正在将其上升为《农业转基因行政审批工作标准》，进一步明确了农业科教行政审批各环节职责，提高工作透明度，细化审批流程，提升工作的规范化水平。

2011年12月，为贯彻落实《国务院关于加快推进现代农作物种业发展的意见》，解决转基因抗虫棉品种“多乱杂”以及真实性等问题，发布了农业部1 693号公告，开展了棉花抗性第三方盲样检测。2013年2月，首次对申请测试的抗虫棉品种开展转基因成分承诺验证，受理检测申请560份，逐步解决转基因生物真实性问题。

2. 加强安全监管。切实落实转基因安全管理属地化责任，规范转基因研发工作，从源头防止违规扩散。2013年，出动转基因执法监管人员22 709人次，加强转基因生物各项试验、加工、产品标识等关键环节的执法监管，加大农产品及其加工品转基因成分例行监测和重点地区抽检力度，确保各项安全控制措施到位。

加强对研发人员的生物安全管理培训，强化研发单位的第一责任人意识。2013 年，分华北、西北、华中、华南、华东等片区组织举办了 5 次针对研发单位的培训班和座谈会。

转基因生物活性阳性材料是建立检测方法、保证量值准确和开展科学检测的物质基础，也是规范管理程序、实施有效监管和保障科学发展的重要前提。为满足对转基因生物实行有效管理的需要，2013 年 3 月 1 日开始，要求首次申请农业转基因生物生产性试验和安全证书的，要求提供转基因生物活性材料，并要求申报时提供相应的检测方法，从而做到对新转化体的有效监管，防止源头扩散。

3. 加强信息公开。按照《中华人民共和国政府信息公开条例》，通过农业部网站主动公开了农业转基因生物相关法律、法规，安全评价标准、指南、转基因生物安全审批结果及相关安全评价资料。2013 年 6 月，在农业部官方网站公布 2012 年转基因生物安全证书审批结果；2013 年 7 月，及时在官方网站上主动公开 3 个进口用作加工原料转基因大豆和 2 个玉米的安全评价详细资料。截至 2013 年 12 月，共办理政府信息公开申请 205 件。

4. 加强科普宣传。2013 年 7 月，联合中国科学技术协会，组织 12 位专家分 4 期在人民网开展“再论转基因”在线访谈，回应公众广泛关注的问题。截至 2013 年 12 月，举办全国性转基因培训班和地方培训班共 156 次，参加培训人数约 30 000 人次，发放科普材料近 90 万份。

（二）加强农业知识产权管理

在激励农业科技创新、促进成果转化运用方面的制度功效得到有效发挥，进一步推进了农业知识产权事业发展，以植物新品种保护和农产品地理标志登记保护为抓手，在植物新品种保护制度建设、受理审查测试、品种权执法和农产品地理标志资源挖掘、跟踪监测等方面取得了积极进展。联合科学技术部、国家知识产权局印发了《关于进一步加强农业知识产权工作的意见》，指导农业知识产权工作；在农业领域组织开展知识产权战略 5 周年评估工作；组织制定并推动完成了《2013 年国家知识产权战略实施推进计划》中农业领域的任务。

1. **加强植物新品种保护**。制定和完善了植物新品种测试指南和审批规则，强化审查测试能力建设，提升植物新品种审查管理水平，提高品种授权质量。审定了柑橘等 84 个植物新品种 DUS 测试指南。审定了普通小麦、大豆等 14 种植物品种 DNA 指纹图谱鉴定技术标准。完善了新品种保护玉米品种 DNA 指纹图谱鉴定技术标准样品库。建设《农业植物品种名称检索系统》，广泛收集了已知品种信息，进一步规范了农业植物新品种名称使用和管理。

组织举办新品种 DUS 测试现场培训班 3 期，系统讲授 DUS 测试技术并进行实践操作培训。组织召开技术工作组会议 4 次，组织专家 20 多人次到相应测试分中心进行现场指导交流，就测试工作中的实际问题进行解答。组织两岸技术交流 1 次，使台湾地区对大陆农业植物新品种保护有了全面认识。

2. **加强农产品地理标志管理**。调查和挖掘农产品地理标志资源，开展农产品地理标志获证产品质量安全状况跟踪监测工作。依据农产品地理标志审查程序，规范做好农产品地理标志登记审查工作。截至 2013 年 11 月 30 日，新公告农产品地理标志 201 个。目前，全国累计公告颁证农产品地理标志 1 248 个。在全国范围内开展了农产品地理标志资源普查工作，摸清了我国农产品地理标志资源状况，对具有特定品质和人文历史传承的地域特色农产品进行有计划、有重点地登记保护，推动地域特色优势农产品整体开发和农业区域经济全面发展。

委托相关农产品地理标志产品品质鉴定检测机构，对 7 个省（自治区、直辖市）的 30 个获证产品质量安全状况进行了跟踪检测，确保农产品地理标志获证产品质量安全。同时，开展了全国农产品地理标志证后监管情况专项检查，分3组对6个省（自治区）开展了农产品地理标志督导检查，强化农产品地理标志证后监管，维护农产品地理标志知识产权。

为进一步规范农产品地理标志专家评审、登记审查和核查员注册管理工作，起草发布了《农产品地理标志登记专家评审规范》、《农产品地理标志登记审查准则》等制度规范，印发了新的《全国农产品地理标志登记专家评审委员会章程》，组建了第二届全国农产品地理标志登记专家评审委员会，新聘任141名专家委员。

3. **规范转基因生物新品种培育。**加强转基因生物新品种培育重大专项知识产权管理，研究起草相关知识产权管理办法，为我国转基因生物技术研发、产业化运用提供知识产权的规范性指引。

研究出台了《转基因生物新品种培育科技重大专项知识产权管理实施细则》，进一步强化了专项的知识产权管理，明确了成果的归属、保护、转移和运用制度，促进了专项自主知识产权的创造、保护、运用和管理，使我国自主基因、自主技术、自主品种的转基因生物新品种培育迈上了新台阶。

建立了独立的成果信息管理系统，强化课题验收和成果管理，积极推动转基因专项成果管理的信息化、规范化和科学化，基本实现了课题立项、合同填报、任务验收全过程的信息化管理，具备了知识产权信息统计分析、查重、成果管理等功能。

4. **构建知识产权服务体系。**2013年年初下发了《农业部　科学技术部　国家知识产权局关于印发〈关于进一步加强农业知识产权工作的意见〉的通知》，培育各类农业知识产权服务市场，构建服务主体多元化的知识产权服务体系。一是推进国家（杨凌）旱区植物品种权交易中心（平台）挂牌运行。二是按照政府指导与社会参与相结合，统一规划与分区实施相结合的原则，建立了国家种业科技成果产权展示交易公共平台。三是支持中国农业科学院农业知识产权研究中心开展国内外农业知识产权信息分析和知识产权预警，使其成为国内领先的农业知识产权服务机构，定期发布《中国农业知识产权创造指数报告》等专题分析报告，为农业科技、行政和产业化决策提供重要依据。

专栏一

旱作农业攻关

旱作农业是我国农业的一个重要组成部分，对我国粮食安全具有十分重要的作用，在过去几十年一直受到国家相关科技项目的支持。“六五”时期，农业部组织本领域全国的科技力量开展了“我国北方主要类型旱地农业分区与评价”，由此拉开了旱作农业技术领域全国的大协作和协同攻关，一直持续到目前。2001年以来，农业部行业科研专项和科学技术部的科技攻关/支撑项目、“863课题”都立项支持了相关工作。在过去已有研究基础上，2001年以来，旱作农业技术的研究主要包括以下四个方面。

（一）主要旱作区农田降水转化和水分消耗的定量关系

重点研究区域农田水分平衡等；不同区域土壤储水供水特性、作物水分适应性、水碳氮关系等对提高降水利用的作用机理等。研究系统探明了旱作农业区农田降水转化定量关系和作物耗水结构特征，揭示了降水有效性、土壤储水、蒸发蒸腾比、作物水分生态适应性及水碳氮关系等对提高降水利用的关键作用机理，阐明了增施有机碳改善耗水结构的关键作用机理是提高土壤储水与供水能力和减少土壤蒸发。结果显示，北方旱作农田平均降水利用率为56%，作物耗水蒸发蒸腾比为1∶1.15，土壤蒸发、土壤储水和降水有效性是影响降水利用的主要因素。

（二）旱地主要农作物的需水特点、水分亏缺程度和降水生产潜力

重点针对旱地主要农作物，如玉米、小麦、粟等开展了研究。确定了主要作物需水亏缺程度为冬小麦＞春玉米＞粟，而水分亏缺产量响应为粟＞春玉米＞冬小麦，品种间差异春玉米高于冬小麦和粟。研究揭示了主要作物降水生产潜力、适宜开发度及主要制约因素，查明了8种主要作物降水生产潜力适宜开发度空间分布特征。结果显示，我国主要作物降水生产潜力开发度为34%～56%，适宜开发度为60%～80%，品种适宜性和基础地力是当前潜力开发的主要制约因素，并根据研究的结果开发了以降水生产潜力开发为核心的决策支持系统。

（三）主要旱作区以水分为中心的“集、蓄、保、提”共性关键技术

从技术层面开展了农艺、工程提高雨水利用效率研究。创造性研制出春玉米垄作秋覆膜、秸秆还田秋施肥、冬小麦培肥聚墒等改春季为秋季的“秋（夏）储冬保春用”核心技术，研制出适应不同区域的地膜覆盖技术和模式（如玉米全膜双垄沟覆盖技术、玉米大小行地膜覆盖技术、一膜两用技术）、春玉米机械化集雨保墒和冬小麦高留茬少耕全程覆盖等技术，大幅度提高了我国旱作区降水利用率和作物水分利用效率。降水利用率最高达74.9%，春玉米和冬小麦水分利用效率最高分别达到1.83千克/(毫米·亩）和1.62千克/(毫米·亩)。

（四）不同旱作区种植模式和技术体系

分区域系统集成和优化了与降水特点相吻合的种植模式和技术体系，构建形成了华北半湿润偏旱区稳粮增效循环农林牧综合模式、东北风沙区半干旱区增粮提效防蚀林粮复合体系、西北半干旱偏旱区防蚀稳产增益农牧结合模式和西南季节性干旱区增产增效集雨补灌技术模式，实现了核心技术与配套技术的有机结合。试验示范区平均降水利用率由“八五”时期的57%提高到“十一五”时期的68%，作物水分利用效率由0.67千克/(毫米·亩）提高到1.35千克/(毫米·亩)，水土流失降低了40%以上。

经过连续的旱作农业科技攻关，基本探明了我国主要旱作类型区农田水分平衡的规律，提出了旱作农田作物水分生产潜力适度开发的技术途径，攻克了一批降水高效利用的关键技术，集成了一批提高作物水分利用效率的技术体系和技术模式。旱作农业相关成果在过去10年来获得国家科技进步奖10项，省部级科技奖25项，取得相关专利46个，支撑了旱作节水农业战略研究和发展规划编制，为我国旱作农业的发展作出了巨大贡献。

通过实施农业部行业科研专项和国家旱作农业科技攻关/支撑计划项目、国家“863项目”等，在全国已经形成了一支年龄结构合理、专业齐全、实力雄厚的旱作农业研究队伍。主要单位包括中国农业科学院、中国科学院、中国农业大学、西北农林科技大学、沈阳农业大学、河北农业大学、内蒙古农业大学和辽宁、山西、甘肃、内蒙古、河北、宁夏、四川等省级农业科学院。农业部构建了作物高效用水学科群，并组建旱作农业相关的创新团队2支。通过“农业部农业重点野外科学观测试验站”、“旱作节水农业技术研发和创新基地”和“旱作节水农业示范工程”等农业基本建设项目的实施，形成了比较完善的旱作农业试验示范基地。

专栏二

中国超级稻研究与示范推广

2013年，农业部投入3 500万元，组织6个超级稻新品种选育协作组，在黑龙江、辽宁、吉林、江苏、安徽、河南、湖南、湖北、浙江、四川、重庆、贵州、云南、广东、江西、广西、福建等17个省、自治区、直辖市实施全国超级稻新品种选育与示范项目，完成了超级稻示范推广1.31亿亩，每亩增产60千克、节本增效100元的目标，为我国粮食生产连续第十年增产奠定了坚实基础。

同时，由中国水稻研究所、国家杂交水稻工程技术中心等6家科研教学单位和“华大基因”组成“7+1”攻关团队，启动实施了中国超级稻四期研究工作。2013年9月28日，农业部组织国内著名水稻研究专家，对袁隆平院士在湖南省隆回县羊古坳乡牛形村开展的超级杂交稻苗头组合

“Y两优900”101.2亩高产攻关片进行了现场测产验收，百亩片平均亩产988.1千克，创造了全国水稻百亩连片高产新纪录，超级稻四期研究取得重要的阶段性进展。

（一）加强组织领导，强化项目管理

为做好超级稻示范推广项目，各省、自治区、直辖市成立了农业厅（委、局）超级稻示范推广领导小组和技术指导组或技术协作组，保障项目运转有序、有效，确保实施面积的落实以及技术、资金、种子、肥料、农药的全面到位。在项目实施过程中，各省、自治区、直辖市认真制定切实可行的实施方案，明确目标任务、组织形式、实施内容、主导品种和主推技术等。同时，实行专家分片负责制和技术指导服务工作汇报制，通过建立“行政单位＋科研单位＋大学＋核心农户”齐抓共管的超级稻推广机制和“国家首席专家—省首席专家—县级责任专家—包户技术人员—科技示范户”的技术工作体系，加大教学、科研、推广的协作力度，及时解决生产中存在的技术问题。

（二）加强技术集成，强化试验示范

由于地域的广泛性和超级稻品种的局限性，加强对超级稻品种配套轻简化高产技术的研究与集成是超级稻示范推广长期的工作。在项目实施过程中，重点通过试验示范，将无形的技术推广变成直观的现场展示，使农民“看得见、听得明、问得清、学得透”，引导农民自觉应用先进科技，把专家的产量转化为农民的产量，把小田块的高产转化大面积均衡增产。

（三）加强技术培训，强化配套服务

要发挥超级稻的增产潜力，在完善良种良法配套的同时，必须不断完善配套服务，加强技术指导，做好逐级培训。全国农业技术推广服务中心先后在湖南、江西、湖北等省举办了3期涉及超级稻生产技术培训班，培训省、县超级稻技术骨干300余人。各项目省（自治区、直辖市）重点组织对县、乡技术人员和农民的培训。在强化技术指导方面。2013年，各地在水稻生长期间组织专家开展巡回指导和咨询服务，同时，组织技术人员开展入户指导，有力发挥了科技在抗灾夺丰收中的积极作用。如针对7月下旬到8月上旬，安徽部分水稻产区持续高温少雨，日最高温度持续在35℃以上的情况，滁州市组织800多名农技人员驻点包片，深入基层，进村入户到田，向农户开展面对面服务。

（四）加强信息服务，强化舆论引导

各地在推广超级稻过程中，重点做好技术、物资（优良品种、除草剂、配套的农机等）、信息、流通等配套服务，做好苗情监测工作，及时通过电视、广播、报纸、黑板报、专题讲座、农技110热线、农业信息网、培训会议、现场、小分队等多种渠道，发布农情、农资、农技等综合信息以及超级稻品种和相关配套栽培技术。2013年全国项目区共建立联系重点农户7.5万户，举办各类培训5 860期、培训农民122.3万人次，印发技术资料75.8万份，提高了示范户和广大农民对超级稻的认识和种植技术要领的掌握，提高了技术入户率和到位率。

（五）加强品种选育，扩大推广面积

2013年，超级稻6个协作组共育成通过国家和省级审定的水稻品种55个，其中龙粳31等7个品种被认定为2013年度农业部超级稻品种。超级稻示范推广项目涉及华南稻区18个县、西南稻区26个县、长江中游稻区27个县和3个农场、长江下游稻区21个县和1个农场、东北稻区20个县和2个农场。全年101个经农业部认定的超级稻品种示范推广面积达到1.41亿亩，占全国水稻种植面积31.3%，比计划任务多1 100万亩，超出计划8.5%。全年共增产稻谷89.0亿千克，按每千克稻谷2.8元计算，增加经济效益249.2亿元。

专栏三

海洋渔业资源开发利用

20世纪50～70年代，是我国海洋渔业资源开发与利用科研快速发展的时期，产量从1950年的61万吨增加到1979年的380万吨。同一时期，渔业资源学科取得了重大进展，开展了主要渔业种类及其渔场调查和试捕，对主要鱼类的种群动态及其洄游分布规律进行研究和预报等，为海洋渔业生物学、渔场海洋学的研究和发展奠定了重要的基础，为我国渔业资源的开发利用提供了科学依据。

20世纪80年代，我国海洋渔业进入一个更加快速发展的时期，渔业产量大幅增加，1995年海洋渔业产量增加到1 748万吨，2005年猛增至2 838万吨。这一时期，中国近海大多数天然渔业资源已经充分利用或过度捕捞，资源的营养级下降，生命周期长、经济价值高的种类资源已经严重衰退，取而代之的是生命周期短、经济价值低的小型中上层种类，经济种类渔获个体小型化、低质化、低龄化、性早熟现象严重。海洋渔业资源研究的内容也随之转变，逐步扩展到包括渔业生态学、大海洋生态系等方面的多学科交叉研究，相继开展了“渤海水域渔业资源、生态环境及其增殖潜力的研究”、“陆架渔业资源调查与渔业区划研究”、“黄海生态系调查”等项目。同期，也是我国远洋渔业从无到有逐步壮大的时期，先后对北太平洋狭鳕资源、南太平洋竹荚鱼、东南太平洋金枪鱼资源状况、渔场及其与环境关系进行了调查研究，为我国的远洋渔业的发展作出了重要贡献。为应对我国海洋渔业资源严重衰退的局面，我国从1995年开始实行全面伏季休渔制度，1999年实施海洋捕捞“零增长”的制度。此一时期，科研工作者开始研究海洋渔业资源可持续利用问题，相继开展了“渤海生态系统动力学与生物资源持续利用”、“东、黄海生态系统动力学与生物资源可持续利用”和“我国近海生态系统食物产出的关键过程及其可持续机理”等重大基础性研究，标志着我国进入了基于生态系统的渔业管理研究阶段。这些研究促进了我国渔业科学多学科交叉和多部门合作，使我国在“全球气候变化”国际前沿领域—海洋生态系统的研究中占据一席之地，同时，也使我国海洋生物资源补充问题和可持续开发利用研究直接上升到海洋生态系统水平上，使我国相关的海洋生态学研究前进一大步。

当前，我国渔业和渔业经济发展已进入新的历史阶段，面临着推进创新型国家和社会主义新农村建设等新形势、新任务。我国未来渔业资源研究的重点是，通过对渔业资源进行动态监测，了解资源的补充、群体演替规律以及海洋生态系统的结构、功能、过程和机制，评估生物量与可捕量，加强渔业资源养护和水域生态环境保护，开展近海渔业资源增殖和人工鱼礁建设等相关研究，控制外来生物侵害，开发环境友好型生产技术。同时，随着近海渔业资源的衰退，远洋渔业也成为渔业经济新的增长点。

（一）加强渔业资源监测与评估

传统的渔业生物学和资源调查评估仍是基本研究内容，将继续为渔业资源的合理开发、科学管理以及渔业资源管理制度、措施、政策的制定、完善和渔业产业结构调整提供科学依据。

1. 渔业资源调查与评估研究。继续开展我国海洋专属经济区、周边暂定措施水域及主要远洋渔业作业海区的水生生物资源调查与评估，提出资源合理利用、保护、增殖措施。完善国内和国际渔业管理措施，建立以资源调查研究为基础的多国（地区）共同管理体系和远洋渔场环境及海况情报信息服务系统，为维护我国海洋权益，合理开发利用渔业资源提供依据和技术保障。

2. 渔业资源变动规律及其应用基础研究。针对我国渔业资源不断衰退的现状，开展渔业资源基础生物学和种群动态研究，了解并掌握渔业资源生态系统各营养通道和营养动力学机理，阐明重要渔业种类可捕量，开发重要资源合理利用技术。开展现行渔业管理措施进行效果评价，拓展和完善渔业资源可持续管理技术理论。

3. 经济鱼类产卵场及仔稚鱼栖息地的变迁规律研究。开展主要经济鱼类种群产卵场及仔稚鱼栖息地调查，建立和完善调查技术方案，调查和研究不同栖息地和水文环境对鱼卵和仔稚鱼的影响，掌握主要经济鱼类群体早期补充机制和丰度变化规律，为主要经济鱼类资源可持续利用提供科学依据。

（二）加强重点水域渔业资源养护和修复

1. 渔业资源的结构及资源增殖承载力研究。查明我国重点水域渔业资源结构及生态环境动态和供饵力，建立多功能种群资源增殖承载力评估模型，为资源养护和合理开发提供科学依据。

2. 渔业资源增殖放流效果与生态风险研究。筛选适宜重点水域增殖放流的重要经济种类和生态学关键种类。建立亲本及放流苗种的种质评价技术。研究各放流苗种的生态适应性及适宜放流的规格、水域和数量，研究增殖放流生态和经济效果评价技术。筛选适合放流种类的标记技术，研究野生种群和放流种群的遗传多样性特征。提出放流增殖渔业调整、决策与统筹技术方案。

3. **人工鱼礁与海洋牧场建设及其生态学基础研究**。研究不同生物类群的礁体材料和结构，阐明不同类型人工鱼礁的流场效应和对不同生物种类的生态效应，建立礁体周围流态分布及波、流作用下礁体稳定性的数值模型。研究适于不同海域的人工鱼礁投放策略和礁区布局。调查礁区投礁前后的生物资源与环境变化，研究人工鱼礁的关键生态过程及其改善海洋生态环境的机理。研究重点水域海藻（草）床资源分布现状，揭示营养状态、环境状况以及草食性动物等因素对海藻（草）床发育和形成的影响。筛选适宜的藻种，研发藻类优势群体快速增殖技术，研制有利于大型藻类生长的特定人工鱼礁。根据大型藻类的生物学特点，建立大型藻类的人工栽培技术，构建海底植被生态系统，评估人工藻礁与海底植被生态系统的效应。

4. **生态友好型捕捞技术研发**。调查分析现行主要生产渔具的类型、捕捞能力、选择与释放性能及其对幼鱼的损害。研究分离、分隔与释放等渔具选择性装置的结构对捕捞对象选择的机理。开发刺网、张网、扒拉网、弓子网和笼壶等渔具的多鱼种选择技术，研制生态友好型渔具或选择性装置。

5. **大型工程设施对渔业资源的影响评价及保护技术研究**。根据不同大型工程的特点及其对生态系统影响的性质和程度，研究工程区内重要生物的分布和变动特征。结合重要渔业种群（经济、珍稀、特有物种）的生活史特征及其生境的大时空尺度变化，评价渔业生物多样性和重要种群受不同类型工程建设胁迫的性质和程度，并通过研究生物生存环境的人工改良技术，有效保护渔业生物多样性。探讨大型工程设施引起水域水文学和水力学特征变化导致渔业生物栖息地改变及渔业生物类群产生的响应机制，掌握主要生态环境因子及变动规律，建立不同类型工业活动对渔业水域影响的评估模型，研究建立相应的评价技术，提出保护、管理对策和措施。

6. **生物多样性和濒危物种保护**。开展生物多样性监测与评价、珍稀濒危物种监测与救护、典型海域水生生物和珍稀濒危物种的繁育和养护、水生生物多样性分布与丰度评价等技术研究。以提高我国水产珍稀动物保护技术水平为目标，开展濒危珍稀水生野生动物生物学、生态学特性和种群遗传学研究，掌握自然种群多样性变异和变化规律。对具有较高经济价值和遗传育种价值的水产种质资源研究其就地保护或迁地保护技术，建立水产种质资源基因库，在其主要生长繁育区域建立水产种质资源保护区。同时，开展驯养和繁殖技术研究，建立放流增殖技术和效果评价技术，提高珍稀水生野生动物保护技术水平。

专栏四

农业机械化综合应用

近年来，我国农机化科技创新明显加快，支撑能力不断增强，取得了一些重大突破。

（一）加大机制创新力度

深入贯彻落实2012年中央1号文件精神，加强农机化科技协同创新，凝聚全国优势专家，成立了土壤耕作机械化、种植机械化、田间管理机械化、收获机械化等11个农机化科技创新专业组，加强顶层设计，推动农机化科技进步。同时，各地也积极推进协同创新工作，江苏大学牵头组织全国农机化优势科研单位和骨干农机制造企业，成立了“现代农业装备与技术协同创新中心”；华南农业大学牵头，成立“全国农用航空产业技术创新联盟”等。

（二）加快技术装备研发

2013年，国家科技支撑计划“现代多功能农机装备制造关键技术研究”

重大项目、“农业与食品行业制造与自动化生产线关键技术与示范”重点项目和“863计划”“智能化农机技术与装备”重大项目继续稳步实施，启动了国家科技支撑计划“大田作物机械化生产关键技术研究与示范”重点项目。在公益性（农业）行业科研专项任务方面，启动了“大豆高产高效机械化生产技术及配套机具研究与示范”、“设施农业高效育苗标准化生产工艺与配套设备研究与示范”、“茶园综合作业机械化技术与装备研究”、“作物品种小区精确种植与收获装备研发与示范”等项目。

1. 关键共性技术。重点开展了高效栽插、精密播种、大通量高效分离清选、智能化干燥及精细选别、田间智能化生产等技术研究。主要有：一是开展了超级稻钵体毯状苗精密育秧与高速精准栽插、芽谷精量直播、水稻纸载体绳播种植、钵苗移栽等关键技术研究，形成了适应水稻不同种植模式的技术装备体系。二是进行了水稻工厂化催芽技术研究，开发了水稻芽种生产智能程控系统，针对浸种催芽不同阶段的温度、湿度、氧气的需求，实现了温、湿、氧波段式自动化管理。三是进行了水田养分、生长、病虫草害信息获取和肥料精量施用和农药精量喷洒控制技术研究，研制了水田高地隙智能喷施设备和无人直升机施药技术装备。四是开展了高效脱粒分离清选等大喂入量水稻联合收获机械关键技术和工况监测、产量测量、定位导航等智能控制技术研究，联合收割机的大型化、多功能、智能化技术又有新进展。五是开展了大米智能光电分选技术装备研究，可满足稻谷规模化保质储藏及分选加工要求。六是开展了设施农业的自动嫁接育苗技术装备、丘陵山地拖拉机、小型谷物收获机械、节水灌溉等技术研究工作。七是植保机械标准喷嘴系列研究取得突破性进展，成功攻克了制造材料、模具精度、成型工艺等技术难点，已完成我国扇形雾喷嘴和防飘移喷嘴2个系列10个型谱的批量生产，生产能力达到50万只，产品技术性能检测全面超过国际标准要求，在产品耐磨性、雾量分布、流量和喷雾角一致性方面远远优于国际知名品牌产品。

2. 新产品开发。重点开发了10千克/秒通用型多功能谷物联合收割机、采棉机、甘蔗收获机、暗管改碱成套装备、加工型番茄联合收获分选装备等产品，花生、大蒜等根茎类作物收获、麻类生产、果（茶）园管理、丘陵山区等机具装备研发取得了一批成果。

2013年，10千克/秒通用型多功能谷物联合收割机完成了小麦、水稻、大豆的收获性能试验，并通过了国家农机具质量监督检验中心的检测，标志着我国谷物收获机械产品技术向大型化、自动化方向踏上新台阶。开发了全新自主研制的4MZ－3型自走（摘锭）式采棉机，攻克了采棉头等核心部件制造技术，尤其是通过采棉指刃口部位高效加工，优化了采棉刃口形状和几何参数，解决采棉指圆锥齿轮高效生产的技术难题。自走复杆式采棉机田间实验获得成功，每小时采收棉花10亩，机收采净率达到93%，单机成本约为进口采棉机1/10，形成了一整套核心技术和专利。甘蔗机械化种植、收获机械取得突破性进展，研究了甘蔗收割机砍切、剥叶、排杂及输送等关键技术，重点解决了倒伏甘蔗的砍切和扶起技术，1.2米切断式甘蔗种植机已被广大蔗农普遍认可。暗管改碱大型成套机械设备在环渤海粮仓工程中应用取得成功。通过在一定土壤深度埋置具有滤水微孔管道，一次完成开沟、放管、敷料、合沟等施工工序，结合土壤盐分淋洗技术、土壤改良与快速熟化技术和农业耕作措施等，快速排出土壤中的盐分并改善土壤理化性质，增强土壤肥力，使盐碱地成为耕地或生态用地，一台设备一年平均埋管2万亩。4行花生联合收获机、苎麻收获机、油菜毯状苗移栽机研发等均有重大进展，产品已在进入熟化期。适宜丘陵山地用小型拖拉机研发取得成功，为今后微耕机升级换代奠定了基础。茶园、果园管理机械一批科技成果已通过省部级鉴定。

（三）推进农机农艺融合

召开了小麦、水稻、花生农机农艺技术研讨会，组织专家制订并发布了《黄淮海冬麦区小麦机械化生产技术指导意见》、《稻茬麦机械化生产技术指导意见》、《花生机械化生产技术指导意见》、《水稻机械化生产技术指导意见》，目前已制定主要农作物机械化指导意见9项。组织专家完成了《粮食高产高效技术模式》编写的有关工作，推进高产创建深入开展。联合育种、栽培专家，突破棉花、甘蔗、水稻等作物机械化生产技术瓶颈。棉花适宜机采的品种、标准化种植、机械化收获技术在山东、河北、河南等地相继取得成功，正在由黄河流域棉区向长江流域棉区推进。国产甘蔗种植、田间管理、收获技术装备逐渐成熟，甘蔗机械化种植面积达到20万亩，收获面积达到了3万亩。江西、湖南双季稻机械化生产示范成效显著，机械化程度、单产水平创新高。水稻旱直播栽培技术在新疆试验取得成功，亩产达到1 029千克。玉米60厘米行距标准化种植在黄淮海地区已普遍推行，适宜黄淮海地区玉米机械化脱粒收获的品种培育取得成功。东北大垄双行玉米种植技术装备、西北全膜双垄沟播技术装备研发取得较快进展，南方冬闲田马铃薯种植与收获、秸秆收储运技术装备已具备了较好工作基础。在开发茶园管理机械的同时，提出了适合茶园机械化作业栽培模式2种。养殖业机械化稳步推进。牧草复壮技术装备、饲料加工设备研发、畜牧标准化健康养殖装备均取得明显进展，机械化技术装备在促进养殖业发展和确保畜产品品质安全中的作用得到更大发挥。

专栏五

中央级科学事业单位修缮购置专项

2006年以来，中央财政根据《国务院办公厅转发财政部科技部关于改进和加强中央财政科技经费管理若干意见的通知》（国办发〔2006〕56号）精神，设立了“中央级科学事业单位修缮购置专项”。通过实施修购专项，初步解决了农业部52个部属科研单位的科研基础设施条件薄弱和仪器设备装备落后的问题，为农业科研单位完成国家科技计划、行业社会公益较强的科研任务提供了强大的支撑保障，有力推进了科研试验条件和科研基础条件平台的建设。

为管好用好修购专项资金，充分发挥资金使用效益，实现修购专项立项目标，农业部确立了“顶层设计，规划引领，面向需求，注重绩效”的实施管理思路，经过几年来不断探索实践和调整完善，逐步构建形成了权责明确、制度健全、程序规范、手段先进、监管得力、运行顺畅的管理体系。

2013年，财政部启动了2013—2015年第三期修缮购置专项规划。农业部2013—2015年修购专项规划申报项目共445项，项目资金25.88亿元，其中修缮规划218项，项目资金12.64亿元；购置规划227项，项目资金13.24亿元。按年度项目资金分布，2013年申报项目资金9亿元，2014年申报项目资金9.14亿元，2015年申报项目资金7.74亿元。第三期修购专项规划的建设目标是，认真贯彻落实2012年中央一号文件“大幅度提高农业科研设施条件水平”的总体要求，立足农业发展战略、科技发展趋势、公益性科研职能定位，围绕部属科研单位的科研重点目标、任务，结合项目单位的科研优势、研究重点、基础条件和人员队伍现状等，在“填平补齐”的基础上以“提升能力”作为第三期修购专项规划的建设目标。

2013年，财政部下达2013—2015年（滚动项目）修缮购置专项预算控制数57 470万元，89个项目，其中，房屋修缮类项目13个，预算控制数为5 935万元；基础设施类项目41个，预算控制数为33 625万元；仪器设备购置类项目28个，预算控制数为17 415万元；仪器升级改造类项目7个，预算控制数为495万元。

专栏六

基层农技推广体系改革与建设补助专项

为深入贯彻落实新修订的《中华人民共和国农业技术推广法》和中央有关文件精神，加快推进基层农技推广体系改革与建设工作，2013年，中央财政安排26亿元，在全国31个省、自治区、直辖市和3个计划单列市、2个农业部直属垦区和新疆生产建设兵团共37个省级单位实施了“全国基层农技推广体系改革与建设补助项目”，基本覆盖全国所有农业县。农业部下发了《2013年基层农技推广体系改革与建设补助项目实施指导意见》，各地按照有关要求，制定了当地的实施指导意见，各项目县也制定了相应的县级实施方案。据统计，全国围绕种植业、畜牧业、渔业等主导产业，遴选了22.87万名技术指导员，建立了10 498个农业科技试验示范基地，组织了2.81万名农业科技专家参与全年农技培训与现场指导服务，培训基层农技推广人员53.8万人次，培育208.5万科技示范户，辐射带动3 568万周边农户。通过该项目的实施，全面推进了农业科技进村入户，有力促进了现代农业发展，成效显著。

（一）基层农技推广体系改革与建设工作不断深化

一是进一步明确了公益性定位，落实公益性编制，稳定了基层农技推广队伍。二是推进了“一个衔接”政策的落实，使基层农技人员的工资待遇，逐步与当地其他事业单位的待遇相衔接。三是加强了县级农业主管部门对乡镇农技推广机构的指导，使全国乡镇级农技推广机构管理体制实行以县管为主的占60%以上。四是引导地方加强了对农技推广工作的投入，据统计，2013年省级财政投入农技推广工作8.8亿元，各市县也相应增加了对县、乡农技推广机构条件建设和工作经费的投入。

（二）基层农技推广工作活力不断增强，效能不断提升

一是完善了农技推广服务运行机制。在各项目县普遍建立了农技推广责任制度、农技人员聘用制度、农技人员知识更新制度、农技人员考核制度和多元化推广制度等5项制度以及“专家定点联系到县、农技人员包村联户”和“专家组＋试验示范基地＋农业技术人员＋科技示范户＋辐射带动户”的技术服务模式。二是调动了农技人员下乡服务的积极性。通过项目补贴和考评，解决了农技人员愿意下乡和能够下乡的问题，干多干少不一样，干好干坏不一样，充分调动农技推广人员下乡服务的积极性。三是提升了农技人员素质能力。通过补助项目的实施，支持了基层农技人员开展知识更新培训，在干中学，在学中干，不断提升业务素质。据统计，全年多渠道、分层次培训基层农技人员30万人次。

（三）促进粮食生产“十连增”、农民收入增长“十连快”

补助项目重点围绕保障国家粮食安全、主要农产品供给和促进农民增

收开展工作，在资金安排方面重点向粮食生产大县、生猪等畜牧生产大县倾斜，为实现粮食“十连增”、农民收入增加“十连快”提供了有力的科技支撑和人才保障。据统计，各地主导产业产量（产值）较上年增长了5%以上，特别是示范户增产增收效果显著。山东省2013年科技示范户花生平均亩产比前三年增产58.6千克，涨幅达16.3%，蔬菜平均亩产比前三年增产729.4千克，涨幅达15.9%，果树平均亩产比前三年增产350千克，涨幅达18.5%。河南省遴选并重点推广了110个主导品种、120项主推技术，通过示范指导，2013年全省小麦全蚀病防治面积达526.3万亩，重发区基本做到了应防尽防，挽回小麦产量损失5.80亿千克。湖北省2013年粮食总产达到250.13亿千克，比上年增产5.95亿千克；油菜生产面积、亩产、总产“三超”历史，分别达到1 839万亩、136.2千克、250.47万吨。

专栏七

《农业技术推广法》学习贯彻情况

2013年1月1日，修订后的《中华人民共和国农业技术推广法》（以下简称《农业技术推广法》）颁布实施。修改后的《农业技术推广法》，针对性、约束性、可操作性显著增强，为进一步加强农技推广工作、促进农业科技成果转化与应用提供了有力的法制保障，对各级农业部门提出了新的、更高的要求。农业部抓住法律修订颁布实施的重大机遇，采取有效措施，加大工作力度，切实抓好法律的学习贯彻。

（一）印发农业部贯彻落实《农业技术推广法》意见

结合法律有关规定和要求，农业部印发了《农业部关于贯彻实施〈中华人民共和国农业技术推广法〉的意见》（农科教发〔2013〕1号），对全国农业系统学习贯彻法律提出了具体要求，从健全国家农业技术推广机构、加强国家农业技术推广队伍建设、创新国家农业技术推广机构工作运行机制、促进多元化农业技术服务组织发展、加强农业技术推广与应用、落实农业技术推广保障措施、营造贯彻实施《农业技术推广法》的良好氛围等方面，提出了27条具体的工作要求。

（二）编辑出版《农业技术推广法》学习材料

会同全国人大常委会法制工作委员会、农业与农村委员会分别编印了《中华人民共和国农业技术推广法释义》、《中华人民共和国农业技术推广法导读》。两书对《农业技术推广法》修订的背景、意义、方针原则以及精神实质作了精辟诠释，对法律逐个条款作了准确释义，收录了与农业技术推广相关的政策文件，是各级农业部门组织开展《农业技术推广法》学习贯彻的重要资料，是广大农业科技人员学习《农业技术推广法》的工具书。

（三）开展《农业技术推广法》学习主题征文活动

以“学习贯彻《农业技术推广法》，深化基层农技推广体系改革，增强农业技术推广服务能力”为主题，组织动员全国农业系统围绕学习《农业技术推广法》心得体会、农业技术推广有关政策落实情况、深化基层农技推广体系改革等方面内容，深入调研、系统思考，撰写高质量的论文。征文活动得到了各方的积极响应，吸引全国数万名农技人员和科研教学人员的热情参与。活动期间收到征文3 000多篇，评选出一等奖5篇、二等奖10篇、三等奖25篇、优秀论文奖150篇，有效地推动了《农业技术推广法》的学习宣传。

（四）开展《农业技术推广法》学习贯彻培训

举办《农业技术推广法》学习贯彻培训班，对省级农业部门科教处负责农技推广体系管理的初级干部进行了专题培训。依托万名农技推广骨干人员培训班、全国农牧大县农业局长轮训班，对基层农技骨干人员和农业局长进行了专题培训，解读《农业技术推广法》的修订背景和重要意义，阐述法律的精神实质和基本特征。组织人员在农业部部属相关单位、地方农业部门、农业科研教学机构等，进行《农业技术推广法》解读。

专栏八

全国农业科技成果转化交易服务平台

为解决解决我国的农业科技成果转化与推广应用水平依然不高、农业科技与经济“两张皮”等问题，加快促进科技与经济的紧密结合，2013年9月26日，农业部启动建设了“全国农业科技成果转化交易服务平台”（以下简称“平台”）和“国家农业科技成果交易展示中心（廊坊）”（以下简称“中心”）。平台和中心将按照公益性与经营性相结合的原则，为各级农业科研教学单位的成果持有者和农技推广单位、企业的成果转化者搭建成果信息发布、咨询、评价评估、展示交易以及进一步熟化等全方位的服务平台，促进产学研用结合，并积极为各级政府和相关决策机构提供政策咨询建议。平台和中心将积极开展国内外成熟、实用、可以转化交易的农业科技成果的征集、梳理、甄别、发布工作；接受单位或个人申请，为其提供成果评价、专利技术评估等服务；促成供需双方的成果交易，并提供相应的产业规划、技术熟化以及成果升级改进服务；跟踪国内外农业科技成果转化交易服务中的政策措施，建立农业科技知识产权保护与开发利用相关规则和机制，并提供相关政策建议。目前，平台和中心共收集了2 423项农业科研成果，涉及339家农业科研和教学单位、304家企业、1 475家中介机构和2 997名农业科技专家。

平台和中心的建设，是促进科技经济结合的创新举措，在农业科技成果展示、转化、服务方面发挥重要作用。一是发挥了技术展示平台的作用。在建立规范的信息发布制度（如明确区分职务发明和非职务发明的利益关系、解决技术产权归属问题）的基础上，通过系统收集大量的农业科技成果信息，向社会进行展示、宣传，同时大力开发科技成果的电子展示功能，将在试验示范基地展示的科技成果转变成数字信息，使技术可视化、形象化，给予社会各层级的技术应用者以更直观、易懂的成果展示。

二是发挥了技术转移平台的作用。使社会上绝大多数的农业科技成果可以通过交易平台进行转化。通过建立科技成果市场价值评估体系和数字信息自动定价系统，将任何一项科技成果赋予价值标准，这样在进行成果交易过程中，既可以保障技术研发者的利益，也可以保障技术使用者的利益，搭建起交易平台的公共性和市场性运作管理机制。三是发挥了技术跟踪服务平台的作用。对于转移出去的技术，交易平台要建立督促技术产出单位继续服务技术使用单位的售后服务机制，保证技术研发者与使用者建立良好的信任关系，促进后续技术的进一步转化应用。四是发挥了转化奖励与再研补贴相结合平台的作用。通过交易平台，择优对转化出去的技术使用者进行一定额度的资金奖励，对转化出去的技术所有者给予必要的再研补贴，促进更多符合市场需求的技术得到后续支持。

专栏九

农技推广服务特设岗位计划

随着农技推广机构职能的拓展，对农技人员素质的要求不断提高。在乡镇农技推广机构人员数量不足、整体素质偏低、短期内无法进人的情况下，迫切需要创新用人机制，尽快引入一批高校农科毕业生到乡镇从事推广工作，改善队伍结构，增强服务能力，切实履行职责，满足现代农业发展的科技服务需求。2010 年、2012 年的中央 1 号文件均明确提出启动实施农技推广服务特设岗位计划。

2013 年，农业部会同人力资源和社会保障部、教育部、科学技术部等部门联合印发了《关于实施农业技术推广服务特设岗位计划的意见》（农科教发〔2013〕11号），在全国启动实施农技推广特岗计划。通过机制创新和政策扶持，以乡镇或区域性农业技术推广机构为载体，选拔一批素质优良、作风踏实的高校涉农专业毕业生到乡镇担任特岗农技人员，开展农业技术推广、动植物疫病防控、农产品质量安全服务等工作，为乡镇或区域性农业技术推广机构补充新生力量，推动建立基层农技推广队伍补充的良性机制，为现代农业发展提供更为有力的科技和人才支撑。

农技特岗计划属于引导和鼓励高校毕业生到基层服务项目，服务期限一般为2～3年。服务期间，特岗农技人员户口统一由省级工作协调小组指定的有关单位管理，也可根据本人意愿将户口转回入学前户籍所在地。人事档案原则上统一转至服务单位所在地的县级政府人事部门。党团组织关系转至服务单位。服务单位负责为特岗农技人员安排工作岗位，提供必要的生活条件，承担其日常管理和服务工作，并将其年度考核、学习培训情况报县级农业和人力资源社会保障部门备案。服务期满、考核合格的颁发服务证书，作为服务期满后享受相关优惠政策的依据。

特岗农技人员在服务期间，按照其所从事的岗位，参照本地乡镇事业单位从高校毕业生中新聘用工作人员试用期满后工资收入水平确定工作、生活补贴标准，按月发放；按当地规定参加相应社会保险；在艰苦边远地区工作的，按规定享受艰苦边远地区津贴。在评聘专业技术职称、申报有关科技成果、评奖评优等方面，与当地在编农技人员享有同等权利。各地有关部门要积极创造条件予以鼓励与支持，在同等条件下给予优先评定。

特岗农技人员服务期满后，享受国家助学贷款代偿和学费补偿、研究生招录和事业单位公开招聘优先、公务员定向考录等各项优惠政策。符合相关条件继续攻读农业推广硕士专业学位的优秀特岗农技人员，在同等条件下优先录取。

农技特岗计划启动实施后，县级以上农业技术推广机构相应岗位空缺时，可优先从特岗农技人员中择优聘用。农技特岗计划实施期间，乡镇或区域性农业技术推广机构相应岗位空缺时，应优先从符合条件的特岗农技人员中聘用。

专栏十

南海现代海洋渔业重大科技创新基地

为加速南海海洋渔业技术进步，缩短我国与世界先进水平的差距，增强对引进技术的消化、吸收、改进和创新能力，加快海洋渔业标准化、产业化、现代化进程，2013 年 7 月 24 日，农业部“南海现代海洋渔业重大科技创新基地”（以下简称“创新基地”）在广东省湛江市启动建设。该基地依托广东恒兴集团公司、中山大学、中国水产科学研究院南海水产研究所等现有基础，整合其优势科技资源、产业基础，以广东恒兴集团公司、中山大学、中国水产科学研究院南海水产研究所为核心，采取产学研协同创新模式，充分体现了开放、共享、协同等特点。

（一）创新基地基本情况

创新基地的股份制法人实体由广东恒兴集团公司控股，股权比例为 70%；中山大学、南海水产研究所技术入股，股权比例分别为 15%。此外广泛吸纳海洋渔业领域科研和教学单位、企业、学会等作为建设协作单位，包括：中国水产学会、中国海洋大学、广东海洋大学、上海海洋大学、中国热带农业科学院热带海洋资源与特色畜牧研究所、中国科学院海洋研究所、中国科学院南海海洋研究所、国家海洋局第三海洋研究所、海南大学、海南省水产研究所、广西水产研究所等，以项目合作、人才合作、基地共建等方式实现资源、信息、设施的共享互通，共同推动建立基础研究、应用研究、成果转化和产业化紧密结合、协调发展机制，强化工程化研究开发这一薄弱环节，加速科技成果产业化和科技经济一体化进程，增强重要领域的技术创新能力和重大关键技术的自主开发能力。

（二）创新基地功能定位

南海现代海洋渔业重大科技创新基地聚焦于南海海洋渔业资源研发与利用、重大科技创新及技术试验示范、南海海洋渔业科技人才培养等领域，是国内在南海海洋渔业科技创新方面的一个协同创新基地和公共服务平台。作为科研创新与产业化生产之间的结合部位，该基地是海洋渔业科技创新链条的重要中间环节，也是促进科技研发向成果转化和产业化应用延伸的载体。通过联合建设，使基地成为南海现代海洋渔业科技成果的孵化器，成为行业技术聚集地和扩散源，成为南海海洋现代渔业的高级人才交流库，成为行业技术经济信息库。

（三）创新基地建设情况

创新基地重点建设 4 个专业化协同创新平台、1 个公共服务平台与 5 个产业化示范工程基地。一是打造海水养殖种业工程创新平台、海水养殖饲料创新平台、健康高效养殖技术创新平台、海洋生物产品加工与利用创新平台等 4 个工程技术协同创新平台。二是构建南海现代海洋渔业科技成果转化咨询服务能力较强、评估水平较高、能够集中配套服务的成果转化交易平台，为海洋渔业科技成果转化提供咨询、评估、论证、培训等服务。完善咨询服务信息系统和专家人才库。三是建立国家海水养殖种子工程南方基地、海洋生物特种饲料产业化示范工程基地、南海深水网箱产业园、南海现代海水养殖产业示范园、水产品加工与综合利用产业园等 5 个产业化示范工程基地。

新型职业农民培育工程

新型职业农民培育工程

2012年，根据我国农村劳动力结构性变化的明显趋势和加快发展现代农业的迫切要求，中央作出了大力培育新型职业农民的重大决策部署。大力培育新型职业农民是关乎农业农村发展方向性全局性的大事，农业部在广泛调研的基础上，通过推动农村劳动力培训阳光工程全面转型、启动实施新型职业农民培育试点、全面开展冬春农业科技大培训、深化农业职业教育改革发展、实施农民科学素质行动等工作，探索我国新型职业农民培育路径，大力培育新型职业农民。

一、推动阳光工程全面转型

（一）基本情况

农村劳动力培训阳光工程是中央财政支持的面向务农农民的示范性培训项目。2003年，国务院办公厅转发了农业部等六部门联合编制的《2003—2010年全国农民工培训规划》，对农村劳动力转移培训工作做了全面部署。为落实规划，2004年，农业部、财政部、人力资源和社会保障部（原“劳动和社会保障部”）、教育部、科学技术部、住房和城乡建设部（原“建设部”）六部门共同启动了“农村劳动力转移培训阳光工程”，重点对拟向非农产业和城镇转移的农民，由国家财政补贴在输出地开展就业前的职业技能培训，取得了很好的效果，受到农民、企业、政府各方面的广泛欢迎。2004—2008年，中央财政累计投入资金32.5亿元，培训农村劳动力1 580万人，转移就业1 373万人，转移就业率达到86%以上，有序促进和引导了农村富余劳动力向非农产业和城镇转移就业，为增加农民收入、提高农民素质发挥了重要作用。

为更好地适应现代农业发展和新农村建设需求，2009年起，阳光工程开始实施转型，由偏重服务城市发展向注重支撑农村经济社会发展转变，由主要围绕进城就业农民工转向主要围绕农业和农村服务业、农产品加工等涉农工业、农村特色二三产业、农民创业和农村带头人等农业农村领域从业人员开展培训，促进农村劳动力就地就近就业。2012—2013年，为贯彻落实中央1号文件精神，加快培育新型农业生产经营主体和新型职业农民，阳光工程进一步明确了以服务现代农业发展、培育新型农业生产经营主体和新型职业农民为宗旨，以促进农业增产、农民增收为导向，以提升农民的科学素质、职业技能和经营管理能力为目标的工作思路，由六部委实施调整为农业部、财政部两部门联合实施，项目名称更改为“农村劳动力培训阳光工程”。2009—2013年，中央财政累计投入资金55亿元，培训农村劳动力1 546万人，在提高务农农民生产技能、促进粮食增产、拓宽农民增收渠道、引导农民创业兴业等方面发挥了积极作用。

（二）主要做法

1. 突出为产业发展服务。重点针对粮棉油糖高产创建项目实施区骨干农民，“菜篮子”产品生产基地骨干农民，肉牛、肉羊、奶牛、生猪生产大县骨干农牧民和渔业生产大县骨干渔民开展实用技术培训，培训以重点推广的品种和技术为主要内容，确保全年粮食和重要农产品有效供给。

2. **突出向新型职业农民倾斜。**充分利用各类农民教育培训资源，2013 年按照农业创业培训 3 000 元的人均补助，对全国 100 个新型职业农民培育试点县的 2 万名新型职业农民培育对象开展系统培训，充分激发农业生产要素潜能，进一步增强农村发展活力，加快现代农业发展步伐。

3. **加强与农业项目对接。**结合“粮棉油糖高产创建”、“菜篮子”、“病虫害统防统治”、“农机购置补贴”、“农技推广体系改革与建设补助”、“美丽乡村”创建等农业重大工程项目实施以及农民专业合作社和社会化农业服务组织发展需求，对不同类型的农民分别开展农业创业培训、农业职业技能培训和农业专项技术培训，满足不同产业、不同群体农民的培训需求。

4. **加强管理，规范实施。**为确保项目转型后顺利实施，举办项目管理人员和师资培训班，强化业务指导，提高项目规范化实施水平。分类编制和印发培训规范，促进培训的规范化、标准化、制度化建设。开展阳光工程地方特色教材评选，夯实培训基础。改版完善阳光工程信息管理系统和中国农村劳动力培训网，新建中国新型职业农民网，探索项目管理和宣传的信息化手段。

（三）主要成效

阳光工程的实施，在培育新型农业生产经营主体和新型职业农民、强化现代农业和新农村建设人才支撑、拓宽农民增收渠道方面取得了明显成效。

1. **有效支撑了粮食生产“十连增”。**2013 年全国粮食产量达到 6 019.35 亿千克，比上年增产 123.55 亿千克，实现新中国成立以来首次连续十年增产。阳光工程在其中发挥了重要支撑作用，如结合高产创建为每个万亩示范片培训骨干农民 100 人，全国 2 349 个小麦高产创建万亩示范片平均亩产 528 千克，比非示范片小麦平均单产高 20%以上。

2. **促进了农民增收致富。**经过阳光工程培训，大批掌握了农业生产关键技术和各种专业技能的高素质农民活跃在农业产前、产中、产后各环节，其科技、安全、品牌、组织化意识明显增强，收入水平显著提高。对全国 12 500 个高产创建万亩示范片抽样调查显示，种植大户比示范片中的小户亩产平均高出 12%；示范片中小户比对等亩数的非示范片亩产平均高出 19%；示范片中小户比对等亩数的没有参加专项技术培训的亩产平均高出 29%。

3. **促进了现代农业发展。**面向 580 个蔬菜生产重点县，555 个肉羊、奶牛、生猪生产大县，350 个渔业大县，培训骨干农民 200 余万人，帮助其掌握高效农业生产技术，有效促进了现代农业发展。加大对农药经销员、畜禽繁殖员、畜禽养殖员、村级动物防疫员和乡村兽医等培训，增强农民对畜禽产品质量安全的认识，提高了各环节的操作技能，确保了全年未发生重大生鲜乳和饲料质量安全事件，畜产品总体质量安全处于历史最好水平。

4. **促进了社会化服务组织发展壮大。**各地通过教学和实训，培养了一批素质高、专业技能出众的农机手、植保员、防疫员、沼气工等，促进了农业社会化服务组织发展，提高了服务水平。如黑龙江省讷河市通过对 1 637 名农民专业合作社理事长的培训，现已发展标准化合作社 32 家，省级星级示范社 15 家，入社农民达到 5.7 万户。

5. **培养了一批新型职业农民。**紧紧围绕创新农村经营体制机制这条主线，着力培育新型农业经营主体，开展新型职业农民培育试点工作，要求各地把专业大户、家庭农场主、农民合作社负责人、农机手等作为重点培训对象，开展从种到收、从生产决策到产品营销的全过程培训，培养了一批新型职业农民，成为了带领广大农民致富的主力军，为各地农村经济发展作出了积极贡献。

二、启动新型职业农民培育试点

（一）基本情况

针对我国农村劳动力素质结构性下降趋势和现代农业发展要求，2012年中央作出“大力培育新型职业农民”的战略部署。为贯彻落实中央文件精神和全国农业科技教育工作会议精神，农业部下发《农业部办公厅关于印发新型职业农民培育试点工作方案的通知》（农办科〔2012〕56号），在全国100个县开展新型职业农民培育试点工作，计划通过3年试点，总结各地新型职业农民培育经验，形成教育培养、认定管理、政策扶持等相互衔接配套的新型职业农民培育制度体系，全面推动我国新型职业农民培育工作，造就一支综合素质高、生产经营能力强、主体作用发挥明显的新型职业农民队伍。

（二）主要做法

在农业部的统一部署和指导下，各地紧紧围绕探索建立新型职业农民培育“三项制度”这一中心任务，积极开展教育培训，探索认定管理办法，强化政策扶持，各项工作扎实有效推进。

1. 政府主导，部门协调，合力推进试点工作。各地高度重视新型职业农民培育试点工作，成立领导小组，统筹协调相关部门，制定扶持政策，落实工作经费，形成了合力推动的良好氛围。如福建省委专门部署启动新型职业农民素质提升工程，省财政安排专项经费2 200万元。陕西省政府专门下发了试点工作意见。陕西省农业厅和重庆市农业委员会都把培育新型职业农民作为“一把手”工程，筹措专门经费推进试点。

2. 深入调研，强化指导，确保试点工作有序推进。为进一步推动各地在制度探索上早出成果、出管用成果，农业部科技教育司会同中央农业广播电视学校，成立试点工作推进组，派出多个小组赴试点县开展调研督导，了解试点工作进展，指导“三项制度”建设。在此基础上，农业部先后下发了《农业部办公厅关于新型职业农民培育试点工作的指导意见》、《农业部关于加强农业广播电视学校建设加快构建新型职业农民教育培训体系的意见》、《农业部科技教育司关于建立新型职业农民试点工作信息报送制度的通知》等文件，进一步明确“三项制度”的基本原则、要素构成和主要框架，提出加快构建以农业广播电视学校为基础依托的“一主多元”的新型职业农民教育培训体系，并要求建立各省（自治区、直辖市）信息季报、试点县信息月报制度，这些文件为各地统一思想、明确方向、规范工作提供了基本依据。

3. **立足产业，结合实际，着力培育新型农业生产经营主体。**各地立足当地资源禀赋和优势特色产业，把专业大户、家庭农场主、农民合作社负责人、农机手等作为重点培育对象，加强技能培训，强化政策扶持，发挥示范带动作用，引领主导产业发展。如山西省晋中市围绕产业整体规划，推进职业农民培养；陕西省安康市探索了村社、园场、企业与培训学校合作的多种模式，实现了职业农民培养、经营主体发育和农业产业发展相结合相促进；四川省崇州市培育农业职业经理人，领办农民合作社，发挥了对农民的示范引领带动作用。

4. **以农民为主体，坚持需求导向，充分调动农民务农创业的积极性。**各地在培育新型职业农民过程中，始终坚持农民主体地位，以农民需求为导向，贴近产业需要和基层实际，农民需要什么就培训什么，农民怎么方便就怎么开展，不断增强培训的针对性和实效性。同时，在土地流转、金融保险、生产补贴等方面，予以重点倾斜，提高其自我发展能力。如湖北省武汉市东西湖区、山东省招远县把农民需求放在第一位，制定的培养计划和政策措施受到当地农民欢迎。

（三）进展及成效

新型职业农民培育试点工作开展一年多来，农业部和各地上下联动，加强各地经验总结提升，丰富理论研究成果，探索体制机制创新，培育和认定了一批新型职业农民。

1. **理论研究取得初步成果**。为加强新型职业农民培育顶层设计和实践指导，农业部组建了新型职业农民培育专家咨询组，依托中央农业广播电视学校成立了职业农民研究中心，组织有关专家深入开展新型职业农民培育重大问题研究。通过研究，进一步明确了培育新型职业农民的重大战略意义，初步提出了教育培训、认定管理、扶持政策三项制度体系的主要内容，针对生产经营型、专业技能型、社会服务型三种类型新型职业农民，确定了相应的教育培训路径，提出了完善农业职业教育资助政策、设立新型职业农民培训工程、制定农民教育培训法律法规等政策建议。课题研究成果有效指导了各地试点工作，为有关部门和领导决策提供了理论依据和决策参考。

2. **“三位一体”制度体系初步构建**。按照农业部提出的制度框架，各地在实践中不断丰富和完善内容，初步构建起教育培训、认定管理、政策扶持“三位一体”的制度体系。截止 2013 年底，100 个试点县中(除西藏外)，88 个县建立了新型职业农民教育培训制度，73 个县以政府名义出台了新型职业农民认定办法或标准，61 个县明确了支持新型职业农民发展的扶持政策。在教育培训上，各地初步明确了职业教育和职业培训的主要内容、方式方法、培训机构、经费投入和保障措施；探索对“农二代”、回乡务农创业的大学生、青壮年农民工和退役军人开展农业后继者培养；积极构建以农业广播电视学校、农民科技教育培训中心等农民教育培训专门机构为主体的新型职业农民教育培训体系。在认定管理上，各地遵循政府主导、农民自愿、动态管理、与扶持政策挂钩四项原则，相继出台认定管理办法，明确认定条件、认定标准、认定程序、认定主体、承办机构、相关责任，初步建立动态管理机制。在扶持政策上，各地将现有的强农惠农富农政策向新型职业农民倾斜，大部分试点县专门出台了扶持新型职业农民发展的政策措施，涉及土地流转、农业基础设施建设、金融信贷、农业补贴、农业保险、社会保障等方面。

3. **带动了各地新型职业农民培育工作蓬勃开展。**一年多来，在中央财政资金的带动和农业部门的大力推动下，试点的示范效应逐步显现。据不完全统计，截止 2013 年，各省（自治区、直辖市）专门安排新型职业农民教育培训经费近 8 000 万元，全国累计培训新型职业农民 71 000 人，共认定新型职业农民 21 000 余人。在农业部试点带动下，部分省份相继扩大试点规模，2013 年全国省级试点县达 213 个，年培育新型职业农民 12 万人。这些新型职业农民在当地政策的有力支持下，立足地方主导产业，逐步扩大生产经营规模，有的发展成为专业大户，有的创办家庭农场，有的带领当地农民成立专业合作社，有的从事农业社会化服务，一批新型农业生产经营主体不断成长壮大。新型职业农民已成为新型农业经营体系中的一支重要有生力量，在推动现代农业发展、保障国家粮食安全和重要农产品有效供给方面将发挥越来越重要的作用。

三、全面开展冬春农业科技大培训

（一）基本情况

为贯彻党中央、国务院有关农业农村工作部署，落实“两个千方百计”和“两个努力确保”目标要求，根据全国农民教育培训工作会议要求，农业部下发《农业部办公厅关于印发〈全国冬春农业科技大培训行动方案〉的通知》（农办科〔2011〕57 号），计划“十二五”期间每年的冬春农闲季节，在全国持续开展大培训，按照“政府主导、上下联动、多元参与、广泛培训”的工作机制，利用每年冬春农闲季节，多层次、多渠道开展形式多样、内容丰富、重点突出、针对性强的农民培训，提升农民科学文化素质和生产技能，加速农业科技成果转化应用。

（二）主要做法

冬春农业科技大培训启动两年以来，农业部统一部署，部省联动，以省为主组织开展，取得了良好成效。

1. **政府高度重视，迅速部署行动。**各地政府、部门高度重视冬春大培训行动，召开专门会议、举办启动仪式、制订实施方案、成立工作机构、强化组织领导、明确各级责任，迅速进行部署落实。

2. **部门单位联动，上下协作配合。**各省（自治区、直辖市）农业行政主管部门建立协调机制，加强各级各部门密切配合、通力协作，整合现代农业产业技术体系、阳光工程、基层农技推广体系改革与建设示范县等项目资源，全方位开展培训，形成“体系、项目、基地、人才”相结合的强大合力，体现出综合培训的质量和效果。如黑龙江省各地农业部门在开展大培训行动的同时，加强与组织、教育、科技、妇联、共青团、科协等部门的合作，充分发挥相关部门的优势和作用，形成合力。山西省农业广播电视学校、山西农业大学和各农业职业院校、农科院、现代农业产业技术体系作为大培训活动师资力量的主要提供单位，全面参与大培训行动。

3. **突出重点内容，促进产业发展。**各地紧密结合阶段主要工作和农时季节，重点围绕种养业关键技术、节本增效技术、防灾减灾知识、农产品质量安全、农产品加工与营销管理等内容，急农民之所急开展针对性培训，为全年粮食和主要农产品生产奠定了良好的基础。如辽宁、吉林、黑龙江和内蒙古四省（自治区）以农业部玉米“双增二百”科技行动为载体，分别举办东北地区玉米“双增二百”技术培训班，培训玉米生产大户、合作组织骨干成员和乡镇农技推广人员，发放专门技术资料，通过集中培训、异地培训、组织专家和有关技术人员在玉米生产关键季节开展技术指导服务等方式，在100多个县开展了玉米“双增二百”专项培训技术。河南省把大培训与冬春麦田管理工作相结合，要求农业专家及各级农业技术员按照全省“万名科技人员包万村”行动要求，及时深入所包镇村，开展土壤墒情、小麦长势及病虫害发生情况摸底调查，为科学制定麦田生产管理指导意见提供依据。

4. **丰富活动形式，扩大社会影响。**各地各单位整合各类教育培训资源，结合农业科教系统创先争优和深入基层“接地气”等活动，多层次、多渠道、多形式开展冬春农业科技培训，提高了社会影响力。农业广播电视学校体系结合送教下乡、农民读书月等活动，开播网络大讲堂，建立和实施大培训万村联系点制度，积极组织专家教授、培训教师和农技人员“进村头、上屋头、到田头”，免费为农民发放教材、光盘、明白纸等技术资料，实现专家进村、技术落地、农民受益。甘肃农业大学实施陇原“百千万农民培训”工程，以全省“四个一千万亩工程”和农民增收“六大行动”为服务重点，组建10支专业服务团队和20支科技服务团队，组织百名专家，带领千名学生，培训万个农业示范户。

（三）进展及成效

全国冬春农业科技大培训实施三年来，及时宣传了党的强农惠农富农政策，提高了广大农民学科技、用科技的积极性，大范围推广了农业新品种、新技术，服务了当前的农业生产，为夏粮增产和丰收作出了积极贡献，为全年粮食生产奠定了良好基础。

1. **提升农民科学文化素质和生产技能。**真正实现把培训课堂办到村、户，把农业科技文化知识和市场信息送到农民家门口，使农民学到了较为系统、专业的种养知识，开阔了视野，提高了生产技能。广大农民通过培训也提高了自身素质，更新了观念，主动学习意识明显增强。

2. **加速农业科技成果转化应用，促进高效现代农业发展。**各地依托产业园区和示范基地等，建立农民培训田间学校，围绕当地农业主导产业、特色产业开展培训，重点突出、针对性强，一大批先进适用农业技术、新品种为农民所接受和掌握，为农民解决了一些实实在在的生产难题和技术瓶颈，也为促进粮食等主要农产品生产稳定发展、保障农产品有效供给奠定了良好基础。

3. **锻炼了队伍，提高农业部门的影响力。**各级各类农业科技、推广培训人员进村入户指导，发挥了技术优势，锻炼了实际操作能力，提升了业务水平，同时也发现不足，促进了农业系统广大专业技术人员作风建设，增强了工作的责任感和积极性。各级责任部门结合各自优势和特点，积极举办大培训标志性活动，引起了各级领导、社会媒体对农业部门的关注，使社会各界对农业部门的工作有了更多的了解，也让广大农民朋友与农业部门走得更近了。

4. **积累相关经验，探索了长效工作机制。**首次建立"政府主导、上下联动、多元参与、广泛培训"的工作机制，各级农业行政主管部门以重大农业工程项目为载体，快速反应、上下联动、广泛参与、层层落实，整合各类教育培训资源，形成大联合、大协作、大培训的工作格局，为冬春大培训下一步持续有效开展奠定了坚实基础，为进一步促进农科教结合、产学研协作探索了新的工作渠道和方式。

四、深化农业职业教育改革发展

（一）基本情况

农业是国民经济的基础，农业人才资源是保持我国农民增收、农业增效、农村稳定的第一要素。培育一大批农业技术推广人才、农业技术技能人才和新型职业农民，需要发挥我国农业职业教育在农业现代化进程中的主体作用。

1. **农业职业教育发展历程。**我国农业职业教育已有百余年的历史，发端于19世纪末和20世纪初全国兴办的一批农务学堂，此后，虽几经变化，但仍生生不息。回顾其发展轨迹，经历了一个“螺旋”式缓慢又渐进的过程。改革开放以来是其重要发展阶段，以1978年、1996年、2006年、2012年为划分的时间节点，且不同时期，我国农业职业教育的发展环境与历史任务不尽相同，办学特点也有所不同。

第一阶段：从举旗起步到法律地位确认（1978—1996年）。

以1978年党的十一届三中全会召开、1984年《中共中央关于经济体制改革的决定》颁布为时段，我国农业教育事业适应社会主义市场经济体制需要，在规模、效益、结构、质量上获得了初步的发展。

1983年《关于加强和改革农村学校教育若干问题的通知》中指出，“改革农村中等教育结构，发展职业技术教育，是振兴农村经济，加强农业现代化建设的一项战略措施”。通过恢复、新建一批农业院校，学校数由1978年的55所发展到1984年的61所（包括农牧、农垦、农机、水产）。1991年国务院《大力发展职业技术教育的决定》中进一步指出，要积极推进农村教育改革，实施“燎原计划”，实行农科教结合和“三教”统筹。我国农业职业教育迈入了发展时期，截止1995年，农林专科教育共培养了约15万余名毕业生。1994年后，按照国家教育委员会等部门印发的《关于进一步深化高等农林院校改革的意见》等一系列文件精神的统一部署，农科专业进行了大幅度的调整，调整后的农科专业只有15种，比1993年的38种压缩了60%。1996年《中华人民共和国职业教育法》颁布，对包括农业职业教育在内的职业教育体系、实施和保障条件作了规定，确立了我国农业职业教育的法律地位，使其发展逐步走上法治化、规范化、科学化的道路。原苏州农业学校（现为苏州农业职业技术学院）经江苏省教育厅同意，1996年在全国率先招收了一个农业高职试点班，这标志着我国高等农业职业教育的开端。

第二阶段：从规模扩张到发展方向定位（1997—2005年）。

以1999年全国第三次教育工作会议召开和《关于深化教育改革全面推进素质教育的决定》发布为标志，自20世纪90年代后期起，我国老农业专科学校、农业本科高校下设的原有成人二级学院、升格为高职院的农业中专开始招收初中毕业起点的五年学制和高中毕业起点的三年制高职。从此，农业院校迎来了新的发展高潮，学校从小到大，农业专业在校生从少到多。

1997年全国试办高职教育正式启动，辽宁农业职业技术学院（现名）作为试点院校之一，以实现农业发展与培养农业技术人才为目标，共招收观赏园艺、农村行政管理、动物营养与饲料、农户经营等4个专业261名学生。2000年教育部将举办高等职业教育的审批权下放到地方后，各地农业高职校数量激增，我国农业职业教育取得了快速发展。之后，国家先后出台了《关于大力推进职业教育改革与发展的决定》、《关于推进职业教育若干工作的意见》，在积极扶持农业职业学校教育的同时，号召城市职业学校扩大面向农村的招生规模。2004年1月，根据全国农业职业院校教学工作委员会、全国农业职业技术教育研究会秘书处统计，全国农业中专升格高职院为105所，另外，还有一批招收初中毕业生五年学制的农业职业学校。2005年《国务院关于大力发展职业教育的决定》中提出，要把发展职业教育作为城市与农村、东部与西部对口支援工作的重要内容，并指出“在合理规划布局、整合现有资源的基础上，每个县（市、区）都要重点办好一所起骨干示范作用的职教中心（中职校）”。尽管这一阶段农业职业院校举办早晚不同，历史出身不同，但通过探索都初步取得了办学的一些实践经验，我国农业职业教育也逐步形成了以高等农业职业教育为龙头，以中等农业职业教育为骨干，农业广播电视学校、农村职教中心和农业职业高中、乡镇农民技术学校为组成部分的农业职业教育体系，有效缓解了农村经济社会发展中出现的人才匮乏状况。

第三阶段：从示范引领到全面质量提升（2006—2011年）。

以2006年国家示范性职业院校建设、《关于加快发展面向农村的职业教育的意见》为标志，国家继续加大对农业职业教育的支持力度，我国农业职业教育进入内涵建设阶段。

2006年农业部组织实施农村人才培养“百万中专生计划”，即培养社会主义新农村建设带头人，为农村共培养100万名具有中专学历的从事种植、养殖、加工等生产活动的人才以及农村经营管理能人、能工巧匠、乡村科技人员等实用型人才。为进一步推动农业中等职业教育的发展，从2007年秋季学期起，国家明确规定，对参加中等职业教育学习的所有农村户籍学生和城市家庭经济困难的学生给予补助，每生每年1 500元。随后，教育部制定并发布的《中等职业教育改革创新行动计划（2010—2012年）》中指出，要加大投入和政策扶持力度，改善中等农业职业学校办学条件，努力扩大农村职业教育和农林类专业招生规模。到2008年，全国共有139所条件好、基础强的农业中职校升格为高职院。

2011年，教育部等九部门联合出台了《关于加快发展面向农村的职业教育的意见》，明确指出，“重点办好一批农业职业学校和涉农专业”。优先扶持中等农业职业学校创建国家级中等职业教育改革发展示范学校，办好1 000个涉农专业点，普遍提升农业职业学校办学水平。在13个粮食主产省、21个重点市、800个产粮大县、600个大城市郊区和蔬菜优势产区，重点办好一批农业职业学校和涉农专业，特别要加大对水利、林业和粮食等行业职业教育的支持力度。2012年我国高等职业教育人才培养质量年度报告中的数据显示，截止2011年，全国共有农业高职院和涉农高职院校343所，占到全国高职院校总数的27%，其中农业类专业点达到1 042个，在校生近70万人，每年有20多万高职毕业生直接投身于农村改革发展之中。200 所国家示范（骨干）高职院校中，农业类高职占到了 10%，在服务“三农”、促进农村经济持续发展中发挥了不可替代的示范引领作用。

第四阶段：涉农专业在校人数从高峰逐步降落（2012 年至今）。

近两年来，我国农业职业院校因生源严重不足，带来的直接后果是开办的涉农专业数量锐减，在一些农业高职院校中涉农专业学生比例甚至不足 20%。以湖南省为例，现有的高职院校中，仅有 8 所高职院开办了农业类专业，且没有一所高职院以“农”字头命名；在开办农业专业的 8 所高职院校中，专业数由 1998 年的 33 个，减至 2008 年的 22 个；个别专业年均在校生人数只有 8～25 人；部分专业不得不采用两年招生一次的方式，作物生产技术、水产等已开始出现专业空白，就读学生大部分集中在园艺、畜牧两大专业。浙江省原有的农业中职校升格或合并升格后，也没有一所高职院以“农”字头命名。教育部等五部委的一项联合调查也显示，20 世纪 90 年代末我国共有各类农业中等职业学校 530 余所，而到目前为止，农业职业院校和涉农的职业院校仅剩 237 所，十余年间锐减了 300 余所。“农”字头的职业院校中非农专业强于涉农专业现象的不断出现，这与我国农业现代化进程中技术技能人才的急需形成了鲜明对比，严重削弱了农业职业教育支撑现代农业发展的能力。

面对现实窘境，我国农业职业教育现阶段是挑战远大于机遇，既进入了一个关键的战略期，又即将面临一次重大的调整。

农业职业院校一个重要的服务领域是面对农民、面向农户、面对农业企业、直接服务农业生产。农业职业教育在服务农村改革发展中必须发挥其不可替代的作用。

调查样本显示，182 所农业职业院校立足于建立以农村科技示范基地为主体、以科技培训和信息咨询服务网络为支撑的科技转化平台，已逐步构筑起科技示范、技术培训、信息传播等科技成果推广服务体系，有效地服务了地方经济社会发展（表1）。

表1　2012年农业职业院校开展成果推广、技术培训、科普活动情况

服务名称	中职院校				高职院校			
	次数（次）	投入人数（人）	投入经费（万元）	受益人数（人）	次数（次）	投入人数（人）	投入经费（万元）	受益人数（人）
成果推广	236	815	1 569.7	55 807	562	1 794	2 456.2	364 017
技术培训	2 187	3 811	5 286.8	208 607	8 258	4 441	6 780.1	376 341
科普活动	1 338	1 291	168.5	157 477	372	3 190	1 985.7	324 837

2. 成立农业职业教育教学指导委员会。国务院赋予农业部“指导农业教育和农业职业技能开发工作”的职能。为了贯彻落实《国务院关于大力发展职业教育的决定》（国发〔2005〕35号）和《国家中长期教育改革和发展规划纲要（2010—2020年）》的有关要求，进一步发挥农业行业主管部门在指导农业职业教育中的重要作用，推动农业职业教育改革创新，教育部2010年底批准农业部成立农业职业教育教学指导委员会（以下简称“农指委”）。同年，农业部发布了《全国农业职业教育教学改革创新指导委员会章程》。2012年12月26日，教育部印发了《关于调整和增设全国行业职业教育教学指导委员会的通知》，对农指委等原有43个行业职业教育教学指导委员会进行了重组。农指委委员由21人扩大到53人。

（二）主要进展

农指委成立以来，通过开展各类活动，团结了一批农业职业教育院校，主抓了几个重点事项，为农业职业教育发展提供了重要政策咨询。

1. 开展广泛调研摸家底。自1998年教育改革后，农业部不再直接管理农业职业院校。十几年来，对职业教育的家底掌握不清。为了更好地引导农业职业教育围绕现代农业产业发展，履行农业部“指导农业职

业教育”的职责，农业部科技教育司组织专家对全国近200所中高等农业职业院校进行摸底调查，起草了《2012年全国农业职业教育发展报告》，形成了构建现代农业职业教育体系，全面服务现代农业发展；建议国家财政设立专项补贴政策，全面提升农业职业教育活力；创造条件发挥农指委的作用等重要建议报送教育部。

2. **参与专业建设工作。**为落实中央1号文件有关精神，加快推动农村土地流转人才和农业后继者培养，农业部科技教育司联合农村经济体制与经营管理司通过全国农指委，向教育部建议在中等农业职业学校中增加“土地纠纷调解”专业，目前教育部已经完成了专业标准的审定。此外，还依托全国农指委组织专家修订《高等职业学校专业目录》，将现代农业产业发展急需的“土地纠纷仲裁”、“家庭农场管理”和“农业机械使用维修”等专业引入目录，报送了教育部。

3. **组织比赛项目修订开发。**在成功举办了三届农业技能大赛的基础上，2014年农业部将继续承办第四届全国职业院校技能大赛——农业技能大赛。为了充分发挥农业技能大赛的引领作用，为职业院校人才培养方向提供参考，农业部科技教育司组织专家按照农业产业发展对中职和高职人才的差异化需求，修订并新开发了技能大赛新赛项的比赛规程，包括饲料中总磷含量检测等5个高职赛项和蔬菜嫁接等7个中职赛项，为2014年大赛打下基础。目前教育部正在审定赛项，很快将组织赛项答辩会。

4. **争取农业职业教育话语权。**2013年11月份，农业部与教育部联合发文开展2013年全国职业教育先进单位和先进个人表彰工作。此次活动是经中央批准，在国务院召开全国职业教育工作会议前，六部委联合表彰一批近几年在发展职业教育事业中做出突出贡献、成绩显著的先进单位和先进个人。通过联合发文的形式，鼓励各省、自治区、直辖市农业系统积极参与，鼓励地方农业职业院校积极参与申报，争取农业职业教育在全国职业教育的话语权。

(三) 主要成效及问题

1. 农业职业教育在现代农业发展中的地位和作用逐渐显现。

一是担负着培养农业专门人才，为现代农业发展提供人才保障的任务。农业人才资源是发展现代农业的核心。农村带头人、农业生产经营人员、农技推广人员等是农业经济发展的主要推动力量，其综合素质决定着农村社会繁荣的步伐。农业职业教育不仅要培养现代农业生产经营主体和农村实用人才，还须培养农业二、三产业的产业技术技能型工人和农业合作组织的管理、服务人才，为社会输送高素质的生产技能型、技术指导型、产业服务型、市场经营型和专业管理型等各类农业专门人才。

二是担负着促进农业科技成果转化，为现代农业发展提供技术支持的职责。农业的根本出路在科技创新。农业产业化是推进农业经济结构调整、发展农村经济的突破口。尽管近年来我国农业科技自主创新已取得了重大进展，但与发达国家相比，农业科技化程度还存在着差距。加快农业发展方式转变，促进农业科技成果转化，需要农业职业教育为现代农业输送技术力量，使农业科技成果在农业产业化中得到充分应用。

三是担负着培育新型职业农民，促进农民增收的使命。农民培训是农民学技术、练技能、懂经营，实现职业转化的有效途径。我国农业从业人口教育的出路，一要依托城市化的发展培育成产业工人，二要通过现代农业技能培训成为职业农民。农业职业教育必须承担起农民就业后接受继续教育的任务，做好“留农”人员培训，有效培育新型职业农民，培育家庭农场的主人，提高农民收入水平。

2. 农业职业教育服务现代农业产业发展的约束还很多。我国农业职业教育的发展正处于转型期，现代农业对口人才尤为紧缺。如何培养适应现代农业发展和新农村建设需要，下得去、用得上、留得住的新型职业农民，农业职业院校在加强建设、改善条件、提升学校水平和能力等方面出现一些新的问题，农业人才的培养上面临着许多新的挑战。

一是以政府主导的多元化投资体制尚未形成，农业职业教育资源配置不足。我国农业职业教育起点低、基础差，大多数农业职业院校为政府投资管理的单一模式。现实中，农业职业院校面临着资源总量不足、资源配置失衡以及资源整合水平不高等问题。经费投入的短缺依然是制约我国大部分农业职业院校持续快速发展的瓶颈所在，主要表现为政府财政投入不足、投资主体单一、投资渠道不畅、投入效率不高等。由于“以农为主”的农业职业院校多元化的投资体制尚未形成，政府职教经费对农业职业院校没有倾斜政策，国家财政没有支持农业职业教育的专项经费。一旦投入过少，农业职业院校办学条件改善就会非常缓慢。一些农业职业院校在划转、合并和晋级等过程中流失了农业教育资源；一些农业职业院校合并后的涉农专业，与农业行业主管部门信息沟通少，虽有时从其他部门获取少量资金，但常常是临时、偶然、非机制性投入；部分农业职业院校生源减少，师资不足，教学实习实训基地不强，这些直接导致我国农业职业教育吸引力越来越弱。

二是农业生源劣势、专业结构弱化，农业职业院校人才培养模式缺乏创新。我国农业职业院校生源总量目前呈逐年下降的趋势，农业类高职院校对普通高中毕业生缺乏吸引力，部分农业职业院校还陷入了办学困境，出现被兼并，甚至有倒闭的风险。我国农业职业院校大多是从改革中等教育结构、压缩普通高中起步的，这种来源使其办学理念、人才培养模式带有原来的胎记。农业职业院校“偏冷”，专业特色模糊、涉农专业备受冷落一直是我国农业职业教育发展中的困惑。有些农业职业院校因发展定位不明，原本条件较好的专业不能做大做强，无法形成人无我有、人有我优、人有我强的主动局面；有些农业职业院校由于农业类专业招生困难，被迫开办了与自己原先专业无关的新专业；有些农业职业院校对实习、实训场所投入严重不足，导致学生实践能力差，就业竞争力弱，反过来制约了学校的招生；有些农业职业院校专业结构趋同化，造成了农业职业院校专业结构的弱化，人才培养方案也严重滞后于农业现代化的发展要求。

三是服务于新农村与城镇化建设，农业职业教育服务能力较弱。面对现代农业发展的新要求，农业职业教育无论从从业岗位变化，还是人才需求类型、规模和数量等都将发生结构性改变，这就要求培养劳动后备军的农业职业院校必须按农业产业发展设置专业，并与农业产业结构相适应。现阶段，我国农业职业院校招生难，生源的选择余地越来越少，现行的招生政策很大程度上限制了一部分原本可以进入农业职业院校学习的潜在生源，尤其在生源对象开发和招生模式、路径、标准尺度等方面基本上没有体现农业职业教育的特色。农业职业院校中的农科专业持续萎缩，其专业设置与农村产业发展匹配度不高、优质专业布点不平衡、主干课程缺少可测的基本标准、特色品牌专业持续建设的保障机制缺乏，学校间、校企间没有形成合力等诸多问题，培养出来的毕业生就业市场范围狭窄，就业质量不高，缺乏应有的社会认可，这些都严重滞后于农业现代化的发展要求。为此，要适应农业经济结构转变、服务于农业产业化，农业职业院校有义务承担起培育新型职业农民、促进现代农业发展的使命。这就要求农业职业院校及时提升服务能力，积极开展科技创新，主动开展职业培训，引导农民认识自我、适应环境、提高技能、创新创业、增加收入。

五、实施农民科学素质行动

农业生产远比工业复杂。农业生产者需要面对的可变因素，不仅有气象和生物活动等自然条件，还有变幻莫测的市场，因为农产品在运输、保存和销售等环节上比一般商品需要做更多的处理。因此，现代农民需要大量的科技、管理、市场营销等方面的知识，方能胜任自己的工作。

（一）基本情况

2006 年，国务院颁布了《全民科学素质行动计划纲要》，2011 年，国务院办公厅印发《全民科学素质行动计划纲要实施意见（2011—2015年）》。在全民科学素质行动中，农民科学素质行动由农业部和中国科学技术协会共同牵头组织实施，中央组织部、中央宣传部等 17 个部门参与实施。几年来，农业部积极履行牵头部门职责，以提高广大农民科学素质、促进科学生产生活为目标，加强谋划，着力构建长效机制，充分发挥各参与部门组织、资源、技术等方面优势，开展形式多样、贴近农民的科普活动，在农村社会积极营造学科学、懂科学、用科学的氛围。

（二）主要进展

1. 加强领导，制定《农民科学素质教育大纲》。农民科学素质行动协调小组办公室设在农业部科技教育司，负责农民科学素质行动的联络协调工作。

2006 年 7 月 14 日，农民科学素质行动启动仪式在北京市顺义区北郎中村举行。启动仪式结合 2006 年全民科学素质行动暨“全国科普日”确定的“节约能源——你我共参与”这一主题，宣传了该村通过实施“生态环能工程”，实现养殖业粪水治理、沼气和沼肥生产以及水资源循环利用的生态节能模式，同时还举行了向全国农村基层免费发放《社会主义新农村建设挂图》的首发式。

从 2006 年 9 月开始，协调小组组织数十位从事农民教育、培训、推广、科普工作的专家、学者通过深入十几个省、市、县、乡、村的调研，历时一年时间完成《农民科学素质教育大纲》。该大纲从科学生活、安全生产的角度出发，详细列出农民科学素质应达到的 20 条标准，不仅使提高农民科学素质有了清晰的目标，而且使农民教育、培训有了明确的工作指导，为农民科学素质行动全面深入发展奠定了坚实基础。

2. 加强规划，积极构建农民科普工作长效机制。提升整个农民群体的科学素质，并不是只传授科技知识就可以实现的；只传授先进的生产技术，不等同于科学素质的提升，亦不能带来稳定的致富。如果训练农民建立起全面的分析市场的能力需要比较长的时间，那么建立起科学的、理性的思维方式，让他们不至于被看起来很容易得到的利益所迷惑而踏入陷阱，也是提升科学素质的一种方式。因此，提升农民科学素质是一项长期的、复杂的、艰巨的工程。按照全民科学素质纲要的任务分工，农业部、中国科学技术协会会同农民科学素质行动协调小组各成员单位，分别制定了“十一五”和“十二五”期间的工作方案，明确推进农民科学素质行动的总体思路，提出“提高农民的科学发展、生产、经营管理、生活等四方面意识和能力”为核心主要任务，明确部门分工和具体落实措施。从近几年情况看，工作方案对推进农民科学素质行动起到了有效的统领，各部门分工合作、各司其职的工作机制已经初步建立起来。

3. 加强引导，推动农民科学素质提升。

一是开展农民科学素质行动试点村建设工作。2008—2010 年，以宣传实施《农民科学素质教育大纲》为主要内容，开展农民科学素质行动试点村建设工作。2008 年 11 月 12 日，《农业部办公厅关于开展农民科学素质行动试点村建设工作的通知》（农办科〔2008〕62 号）正式下发，要求以突出重点、讲求实效，统一部署、联合推进、因地制宜、分类指导为原则，通过 19 个部门及社会有关方面 3 年的共同努力，建设新疆沙湾县大泉乡三道沟村等 10 个特色鲜明的试点村，并探索推广试点工作的成功经验，全面深入推进农民科学素质行动。通过组织专家开展技术培训和现场指导，帮助中小学兴建科技教室，赠送农民科学素质宣传教育科普图书、挂图、招贴画、音像制品和“华硕电脑图书室”等方式，有力地促进了试点村农民科学素质提高、现代农业发展和新农村建设。

二是开展优秀科普作品征集评选活动。2009 年 3 月，农业部办公厅和中国科学技术协会办公厅联合发文开展首届农民科学素质宣传教育优秀作品征集活动。此次活动共征集了近千件（本、册、套、片）科普图书、连环画、挂图、影像制品。有 280 件作品参加复评。同年 9 月，协调小组办公室组织以原中国科学技术协会党组副书记、清华大学博士生导师徐善衍为主任的专家评审委员会，评审并确定《现代农业产业技术一万个为什么》等 100 件作品为优秀科普作品。

中国农业信息网、中国科学技术信息网、《农民日报》等媒体向社会正式公布推介了这 100 件优秀科普作品，进一步丰富农民科学素质教育宣传科普资源。其中，《冬季农业生产 100 问》、《农村疾病防治手册》、《气象与蔬菜的栽培和病虫害防治》、《农村沼气“一池三改”》、《有机农业 110》、《画说防艾——农村科学防治艾滋病连环画》等 6 本科普图书还被列为新闻出版总署 2009 年农家书屋采购图书，在全国几十万个乡村农家书屋广泛配送。

三是开展农民科学素质网络知识竞赛。为增强农民使用互联网的意识和本领，引导广大农民利用网络学习文化知识，了解现代农业科技，建立科学文明健康的生产生活方式，农民科学素质行动协调小组于 2010 年、2011 年先后举办了第一、二届全国农民科学素质网络竞赛活动，分别有 99.7 万、185 万人参与，完成答题的达到 155 万、556.8 万人次，参赛人员涉及全国 31 个省、自治区、直辖市的 292 个县。2013 年 6～9 月，农业部联合中国科学技术协会、中华全国妇女联合会发布了《关于开展 2013 年全国农村妇女科学素质网络竞赛的通知》，在全国引导农村妇女上网学习并参与答题。参赛人员登录“全国农村妇女科学素质网络竞赛”平台的同时，既可以参与学习，也可以参与答题。竞赛平台的学习专区，收录了竞赛题库和相关视频、图书、科普挂图等。据统计，本次农村妇女科学素质网络竞赛活动参与网站答题达 481.85 万人次。所有省份均不同程度地参与了活动，参与人次在 40 万以上的有 6 个，1 万以上的有 10 个，1 000 以上的有 21 个。本次参赛人员主要包括农村妇女，共有 293.21 万人次的女性参与了竞赛答题，占总答题人次的 60.85%；同时还有 188.64 万人次的男性参与到活动中，占总答题人次的 39.15%，使竞赛呈现出多样化的局面。

4. 坚持特色，提升农民科学素质。按照“在产业发展中提升农民科学素质，促进农民增产增收”的思路，坚持以农为本的特色，将农民科技素质提升与产业发展紧密结合。

一是大力开展全国冬春农业科技大培训。农业部从 2011 年冬季开始，利用冬春农闲时节，按照“政府主导、上下联动、多元参与、广泛培训”的工作机制，积极发动教育培训、技术推广、农业科研、农民专业合作组织等多方力量，在全国广泛开展冬春农业科技大培训。活动开展三年来，全国各地累计投入培训经费 9 亿元，发放技术资料 8.5 亿份，对农民开展培训和咨询服务 2 730 万人次，全面推进农业科技进村、入户，有力地提升了农民生产技能和科学文化素质。

二是大力开展引导性培训。结合“粮棉油糖高产创建”等农业产业发展重大工程项目、农民专业合作社发展和基层农技推广体系改革与建设，大力开展农业职业技能培训、农业创业培训和农业专项技术培训，内容涵盖了国家农业农村政策法规、实用技术、农业安全生产、农产品质量安全、经营管理、道德素质、艾滋病防治、农村消防安全、科普知识等。仅“十二五”以来，中央财政已累计投入资金 33 亿元，培训农民达 946 万人次。

三是关注重点人群，大力开展示范性科普工作。组织中国农学会、中国农业大学、中国农业科学院等单位的专家、教授、科技人员，积极发挥熟悉农业、贴近农村、亲近农民的独特优势，编创内容丰富、通俗易懂、生动形象的挂图、口袋书、明白纸等科普制品，大力开展形式多样的农民科普工作，普及先进实用的科学知识和技术。

四是充分利用现代化信息化手段开展务农农民科普宣传。积极协调中国农业电影电视中心、中央农业广播电视学校、中国农村杂志社、农民日报社等农业部部属媒体单位，利用广播、电视、互联网、卫星网、报纸、杂志持续开展针对务农农民的科普宣传。如中央农业广播学校利用中国农村远程教育网、卫星网，聘请知名专家教授、举办“网络大讲堂”40期，成为农业系统干部职工和基层农技人员知识更新的重要课堂，每天播放7小时农业实用技术培训节目，全年共计播出节目近5 000小时；制作广播节目约500小时，包括服务于农业农村工作中心任务的《培育新型农业生产经营主体》等10多部专题节目，《致富早班车》、《三农早报》、《乡村大讲堂》三个栏目全年共播出节目1 055期；制作电视节目148小时，其中高清节目130小时，制作技术实现了标清转高清的升级，《农广天地》和《农业生产经营》两个电视栏目全年共播出1 414期节目，共约591小时；开发文字、音频、视频农业科技教学资源近1 000种，发行文字教材110万册、音像教材105万张。“农广在线”网站连续三年承担农业部为农民办实事工作，为农民提供网上免费音视频培训资源，共发布视频节目5 830个、音频节目488个、网络课件849个，文字材料近32 027篇。

五是采取切实措施提升农村妇女科学素质。在组织实施农村实用人才培养“百万中专生计划”过程中，特别强调招收农村妇女学员，依托中等职业教育把他们培养成优秀农村实用人才。2011年至今，该计划累计招收学员45万人，其中农村妇女学员23万人，占51%。2013年，农业部与中国科学技术协会、中华全国妇女联合会联合印发了《2013年农村妇女科学素质专项行动工作方案》，进一步推动农村妇女的科学素质工作。

六是积极关注贫困地区农民科普。2012年9月，农业部联合中国科学技术协会、环境保护部、卫生部、国家民族事务委员会、国家气象局举办了“农民科学素质行动进毕节”活动，为毕节市大方县的农民捐赠了电脑、电视、DVD机，组织专家进村开展科技、灾害预防、环保等科普知识培训。2013年8月中旬，结合党的群众路线教育实践活动，农业部和中国科学技术协会、环境保护部、国家林业局、国家气象局深入云南省大理市上关镇大营村，以洱海流域农业面源污染防治科普宣传为主题，邀请农业种植、养殖、环保、气象等4位专家，向到场的100多名大营村村干部和群众进行了2个小时的科普宣传和技术讲座，并赠送了大量的科普图书和挂图，受到当地农民的热烈欢迎。

同时，农民科学素质行动各成员单位还结合各自职能和优势开展了颇具特色的科普活动。如，农业部与共青团中央联合开展“农村青年创业就业行动”，国家气象局开展“气象科普惠农活动”，环境保护部开展“大学生志愿者千乡万村环保科普行动”，等等。这些示范引领活动的开展，进一步丰富了农民科学素质行动的内涵，为广大农民的生产生活带来极大便利，受到农民普遍欢迎。

（三）主要成效

1. **帮助广大农民逐步树立科学发展观和现代意识。**通过多种形式的科普和技术培训活动，弘扬科学精神，传播科学思想和科学方法，树立可持续发展观念和在社会主义市场经济条件下的生产、经营管理意识；树立崇尚科学、移风易俗、遵纪守法、反对愚昧的新风气；推动农村物质文明、精神文明、政治文明建设，从意识形态领域引导农民科学素质持续提高。

2. **逐渐提高广大农民科学生产和生活能力。**主要提高农村公众了解科学文化常识、适应现代文明生活的能力；提高农民保护环境、节约资源、发展循环农业、建设生态家园的能力；提高农民掌握和运用先进适用技术发展生产、增产增收致富、改善生活质量的能力；提高农村富余劳动力向第二、三产业和城镇转产转岗就业的能力。

3. **创建了提高农民科学素质的长效机制**。建立适应建设新农村和培养新型农民的要求，符合我国“三农”实际、具有时代特点的提高农民科学素质的体系和机制；搭建农民教育培训的社会化服务平台，整合、开发提高农民科学素质的公共服务资源并实现共享利用。

专栏一

推动部部共建、省部共建涉农高校

（一）共建概况

为贯彻落实党的十七届三中全会精神，加快实施科教兴农战略和人才强农战略，推动高等农业教育适应社会主义初级阶段中国特色农业发展道路，增强高等农业院校发展与行业发展的融合，提升高等农业教育更好地服务现代农业发展和社会主义新农村建设能力，2009 年 5 月，农业部与教育部签署了共建中国农业大学、西北农林科技大学、南京农业大学、华中农业大学、西南大学、吉林大学、上海交通大学和浙江大学等 8 所涉农高校的协议，农业部共建高校的序幕正式拉开。2009 年 11 月 10 日，农业部与河南省人民政府签署协议共建河南农业大学，这是农业部与地方政府合作共建的第一所地方农业大学。2010 年以来，为贯彻落实《国家中长期教育改革和发展规划纲要》，推进地方高等农业院校更好地服务区域经济社会发展，促进高等农业院校内涵发展和办出特色，争创一流，2011 年 12 月，农业部又与 14 个省、直辖市人民政府签署了共建河北农业大学、山西农业大学、上海海洋大学、沈阳农业大学、吉林农业大学、东北农业大学、福建农林大学、山东农业大学、安徽农业大学、湖南农业大学、华南农业大学、江西农业大学、甘肃农业大学、长江大学协议（不含中国人民大学），共同推进高等农业院校发展。

（二）主要做法

1. 加强组织领导，注重共建工作的沟通协调。为增强涉农高校服务我国现代农业发展，推进共建工作的顺利开展，农业部加强与教育部、各省级农业主管部门的沟通。为加强联系，教育部、农业部共同成立了共建高校工作秘书处，地点设在中国农业大学。目的是加强对高等农业院校的指导和政策研究。各地方共建高校纷纷成立共建工作办公室，加强对共建工作的领导和指导。部门间的有效协调沟通和协同推进，有效聚集了各类资源，促进了我国高等农业教育与行业发展的融合，促进了高校人才培养、科学研究、社会服务和文化传承创新能力的提升，有效提升了高等农业教育对我国现代农业发展的贡献度。

2. 加强项目支持，推动区域现代农业发展。共建工作开展以来，共建高校得到了农业部、教育部及各省级人民政府的高度重视和强有力的支持。农业部积极支持共建高校的科技项目和农业部重点实验室建设，有 20 所共建高校承担了农业部重点实验室任务 116 个，占全部数量的 22.05%。共建以来，教育部以各种方式加大对部属共建高校的投入，用于农科教学实训基地建设。2009 年两部共建以来，教育部下拨给浙江大学下达农生环学部经费约 6 000 万元；2009 年上海交通大学、吉林大学、西北农林科技大学获准教育部农林试点实践基地建设立项，项目经费 5 000 万元，2009 年教育部拨付西南大学农林试点实践基地建设专项资金 4 000 万元，用于强化学校现代农业创业人才培养、科技创新与成果推广、服务地方经济发展工作；2009 年教育部加大对华中农业大学“211 工程”建设经费支持力度，拨付专项经费 4 760 万元，保证了学科基本建设经费需要。2010 年，中国农业大学开始新一期“985 工程”建设，获批专项资金 5.3 亿元。

各省级人民政府重视共建涉农高校的发展。黑龙江省投入东北农业大学重点学科、新农村科技服务、创新平台建设、人才培养及高校综合改革、创新团队及高水平大学建设等专项资金累计 1.64 亿元。安徽省在中西部高校基础能力建设项目中优先推荐共建高校，国家和省级配套经费1.7亿元，2013年省级高等教育振兴计划——高水平大学建设项目重点向共建高校倾斜，安徽农业大学获得资助5 000万元用于大学建设。山东农业大学获得省级专项资金1.2亿元，山东省农业厅共建优势特色学科经费1 100余万元。河北农业大学总计获得中央财政支持地方高校发展专项资金项目11项，合计金额2 900万元。江西农业大学共建以来累计获得省级各类经费近5 000万元。甘肃农业大学获得甘肃省共建基础条件专项经费8 000万元，科技经费2 890余万元，化债专项资金6 000万元，省财政厅、发展和改革委员会分别支持1 000万元专项资金，用于国家重点实验室培育基地的基础条件建设和实验仪器设备补充购置。河南农业大学获得省部专项经费650万元，用于人才培养与高层次人才引进、学科建设、师资队伍建设、实验室建设特别是国家级重点实验室建设。湖南农业大学累计获得省级各类经费3 880万元，用于学校“新农村发展研究院”专项建设、信息共享平台建设、国家工程实验室建设等。沈阳农业大学获得辽宁省科学技术厅、教育厅等省级部门立项资助总经费880.95万元，科研平台经费3 000余万元。广东省人民政府在学科建设、平台建设、科研立项等方面加大对华南农业大学的投入力度，“211工程”三期项目建设到位资金8 084万元，平台建设投入4 490万元，科研立项到位资金约2.29亿元。

3. 充分发挥涉农高校的作用，提升服务“三农”的能力。共建以来，农业部充分发挥涉农高校在教师、人才、教学资源方面的优势，不断提升服务“三农”方面的能力。2009年农业部认定的农业部现代农业技术培训基地中，教育部所属的8所涉农共建高校全部获批，并相继承担了基层农技推广人员的知识更新培训，全国粮食大县、畜牧大县局长培训，农民创业培训等任务。最大限度地发挥共建高校的服务功能，为农业农村经济发展作出贡献。

（三）主要成效

1. 创新人才培养模式、体制、机制，增强人才培养的社会适应性。共建以来，各涉农高校在部、省（直辖市）部的支持和指导下，结合学校区域农业发展的特点，坚持特色发展、协同发展，深化高等农业教育改革，加强高等农业教育与现代农业产业的紧密联系，强化实践教学环节，以现代农业产业技术体系综合试验站为依托，促进农科教、产学研结合，开展高校与农林科研机构、企业、用人单位等联合培养人才的新模式、新途径、新机制的探索，提高了人才培养与行业发展的符合度，促进了人才培养质量的提升。一是推进涉农专业人才培养模式创新，突出创新创业能力培养。共建以来，各涉农高校围绕产业发展对人才培养的需求，实施了不同层次和类型人才培养模式改革。依托优势学科专业实施了拔尖创新人才培养试点工作，开展了卓越农林人才培养计划的试点，实施了校企合作、校院合作、校所合作、校地合作联合培养人才培养的探索，有效提高了人才培养的专业实用性。二是优化人才培养过程，注重在实践中培养人才。共建以来，涉农高校更加注重在农科教、产学研结合中培养人才，注重在实践中培养人才，人才培养过程得到极大优化。教育部、农业部依托我国现代农业产业技术体系综合试验站点首批设立了100个农科教合作培养人才基地，这些基地得到国家和省级政府的投入和支持，一批学子在基地开展创新实践、科技推广和服务，在实践中锻炼了才干，增强了爱农、兴农的信心和决心。各有关涉农高校依托新农村发展研究院，深入推进校地合作和校企合作，利用示范基地组织学生创新创业实践，在协同发展中增强了校企合作创新能力，锻炼了师资队伍，增强了学生的实践能力。三是创新人才培养体制机制，有效聚集资源协同培养人才。共建以来，涉农高校坚持人才培养的核心地位，人才培养、科学研究、社会服务和文化传承创新四位一体，以科学研究提升人才培养水平，以社会服务锻炼学生实践才干，以文化传承创新增进学生立志农业的决心。深度开展了校企合作、校地合作、校院（所）合作培养人才的实践。各类资源的有效聚集，各类力量的有效协同，极大促进了农科人才培养，人才培养的质量明显提高，涌现了很多基层创新创业的农科学子典范，受到媒体和社会的广泛关注。

2. 促进学科专业发展，增强了涉农高校科学研究能力。共建以来，各共建学校积极调整学科结构，发展特色学科和交叉学科，以适应现代农业发展和新农村建设的需要。一是加大学科专业调整，适应现代农业发展要求。上海交通大学农科以都市现代农业产业发展的重大科技问题和战略需求为导向，凝练形成了园艺学、农业工程和食品科学与工程等3个优势学科。实行课题组长负责制（简称PI制），聚焦研究方向，形成三大板块、七大领域。二是加大学科建设资助力度，巩固发展特色学科。南京农业大学2010年以来，作物学、农业资源与环境、植物保护、兽医学、农林经济管理、食品科学与工程、现代园艺科学、农业信息学8个优势学科相继入选江苏省优势学科建设工程一期项目，一期项目建设总经费1.25亿元。2011年，学校有5个一级学科被认定为“十二五”期间江苏省重点学科。三是加大科研平台建设力度，促进农业科技创新发展。教育部和农业部合作“共建高校”启动后，中国农业大学、西北农林科技大学、南京农业大学等部属院校先后获得农业部重点实验室、野外观测台站的支持。一些地方院校，如河南农业大学获批“省部共建国家重点实验室培育基地”。

3. 拓展服务方式，提升服务“三农”发展的能力和水平。共建以来，各共建学校采取多形式、多渠道、多模式建立机构，构建机制，通过建立“农业专家创业园”、科技示范区、专家工作站、“专家大院”服务农村“农家小院”等方式开展农业科技推广和成果转化。有关共建高校还依托“农业部现代农业技术培训基地”，积极参与农业部冬春科技大培训、农业部阳光工程农业创业培训和全国基层农技推广补助项目农技人员能力提升等培训项目的实施。同时，各学校利用农业科技服务和送科技下乡等活动，组织全校教师进村入户开展送科技、送政策、送信息。通过科技服务，提高了农民科学种养能力、农村基层干部的引领能力、农村技能服务型人才创新能力、农村经济合作组织人才的生产经营能力，取得了显著成效。

专栏二

农村实用人才培养“百万中专生计划”

2005年11月，农业部印发《关于实施农村实用人才培养“百万中专生计划”的意见》，提出用10年时间为农村培养100万名具有中专学历的从事种植、养殖、加工等生产活动的人才以及农村经营管理能人、能工巧匠、乡村科技人员等实用型人才，增强他们带头致富和带领农民群众共同致富的能力，使他们成为建设社会主义新农村的带头人和发展现代农业的骨干力量。中央农业广播电视学校按照农业部的统一部署和要求，组织全国农业广播电视学校（以下简称农广校）体系大力开拓办学模式，努力争取政策支持，积极落实招生任务，认真组织教学管理，“百万中专生计划”顺利推进。截至2013年底，已累计招收农村学员99.9万人，累计毕业学员56万人。其中，直接从事农业生产的务农农民占学员总数的75.4%。

“百万中专生计划”自启动以来，紧紧围绕农民生产生活实际，采取“送教下乡、农学结合”的方式，围绕农时农事设置课程，突出实践技能教育，促进农业职业教育与农业产业发展紧密结合。一是做好组织动员，落实招生任务。中央农业广播电视学校及时制定下发了《全国农广校“百万中专生计划”实施方案》，并每年下发文件组织和动员全国农广校体系积极承担培养任务。通过在《农民日报》等媒体组织专刊，广泛宣传“百万中专生计划”，扩大社会影响。二是积极争取政策，筹集办学经费。为解决办学经费，有效地促进“百万中生计划”的深入实施，各地积极争取政策和项目，多方筹集办学经费，部分省份先后争取到国家中等职业学校助学政策，部分省份争取到地方财政项目支持，保障了计划的顺利实施。三是深化教学改革，突出实用实效。按照职业教育规律和农业产业要求，全面调整教学计划、专业和课程设置，更加突出实践教学，增加技能培养学时；加大专项技术课程和专业拓展课程的推荐范围，专业技术推荐课程达到185门。在专业设置上更加突出现代农业特色，新开设现代种植技术专业、现代养殖技术专业、动物卫生防疫专业和农民专业合作社管理专业。目前，全国统开18个专业，地方自开专业近60个。四是规范教学管理，保证教学质量。根据农村实用人才培养对教学内容和形式的新要求，修订《农业广播电视学校教学管理暂行办法》，对教学组织管理、职责分工、专业设置、教学计划、学制学时等内容进行了系统规范。各地也采取了相应的管理措施，保证教学秩序，提高教学质量。如新疆通过实施“一个目标、二个体系、三个加强、四个机制”的教学管理措施，规范教学管理。山东将教学管理制度的与教学秩序的规范编辑成册，发放到办学人员手中，加强教学管理。北京实行定期开展教学质量评估制度，定期对各分校、直属教学点进行了教学督导检查，提高了教学管理水平，使教学质量得到保证。

实施农村实用人才培养“百万中专生计划”以来，各地农广校充分利用当地农科所、示范场、畜牧兽医站和种养大户、流通大户建立实训实习基地，围绕当地主导产业，突出能力培养，注重在实践中边干边学边致富，让学员在基地上进行实践课教学或参观学习，既提高了技能，又增加了对新知识、新技术的了解，培养了一批致富带富能手，并涌现了一大批发展“一乡一业，一村一品”、带领农民增收和共同致富的典型。这种进村就地就近、方便灵活的办学形式，给广大农民提供了更多的学习机会，受到了农民的普遍欢迎。

实践证明，农村实用人才培养“百万中专生计划”是大规模培养农村实用人才的有效途径，为广大农村输送了大批留得住、用得上、懂经营、会管理的实用人才，提高了他们的综合素质，增强了带头致富和带领周边群众共同致富的能力，使他们成为建设社会主义新农村的带头人和发展现代农业的骨干力量，有力地促进了农业农村经济发展。

专栏三

新型职业农民教育培训体系建设

新型职业农民教育培训体系是指以农业广播电视学校、农民科技教育培训中心等农民教育培训专门机构为主体，以农业科研院所、农业院校和农技推广服务机构及其他社会力量为补充，以农业园区、农业企业和农民专业合作社为基地，满足新型职业农民多层次、多形式、广覆盖、经常性、制度化教育培训需求的“一主多元”体系。

（一）体系架构基本形成

全国现有各级农广校 2 578 所，包括 1 所中央农广校，36 所省级农广校，363 所地市级分校，2 178 所县级分校。依托农广校建立的各级农民科技教育培训中心 2 072 个，包括 1 个部级中心，35 个省级中心，271 个地市级中心，1 765 个县级中心。现有地级以上农业科研机构 1 100 个。有农业职业技术学院和农业中专学校 339 所，农村职业高中 4 200 多所，县级农业技术推广机构 2.2 万个，乡镇农技推广机构 8.15 万个，农民合作社 95 万家。新型职业农民教育培训的体系架构基本形成。

（二）政策扶持力度加大

为加快构建新型职业农民教育培训体系，农业部印发《关于加强农业广播电视学校建设加快构建新型职业农民教育培训体系的意见》（农科教发〔2013〕7 号），明确了农广校的公益性定位和新型职业农民教育培训与农村实用人才培养的主力军地位，提出要加快构建以农业广播电视学校为基础依托的新型职业农民教育培训体系、以进一步增强教育培训服务能力为核心、加强各级农业广播电视学校建设、努力形成重视支持和办好农业广播电视学校的长效机制。

农业部还专门召开全国农业广播电视学校体系建设工作会议，张桃林副部长出席会议并讲话。他要求各地要高度重视主体建设，切实增强构建新型职业农民教育培训体系的责任感和紧迫感；全面加强农广校体系建设，巩固提升我国农民教育培训服务能力；切实加强组织领导和投入保障，努力开拓农民教育培训新局面。

（三）设施条件得到改善

编制《全国农业广播电视学校空中课堂、固定课堂、流动课堂和田间课堂一体化建设规划》，改善教育培训设施和条件，为 100 所基层农广校配备了农业科技入户直通车。这些直通车配备了笔记本电脑、电视机、投影仪等现代教学培训设备和农业科技图书、光盘，可以送教下乡开展现场培训、技术指导服务和播放教学节目，是农民教育培训的流动课堂，也是流动的政策宣传车和技术服务车。

农业部还组织实施基层农技推广服务体系建设、现代农业示范区建设、农民合作社示范社建设等项目，完善服务功能，改善设施条件，提高人员素质，提高了相关机构的农民教育培训服务能力。此外，教育部开展职业教育改革发展示范校建设，建设了一批示范性农业职业院校；2013 年投入 13 210 万元，建设了 74 个职业院校涉农专业教学实训基地，使农业职业院校服务新型职业农民教育培训的能力得到有效提高。

（四）队伍素质实现提升

依托农业部农民科技教育培训中心举办基层农广校校长能力建设培训班、在线教学师资培训班、阳光工程师资培训班、农民田间学校辅导员培训班、农业职业技能鉴定考评员培训班等各类培训班 10 余期，培训一线教师和管理人员 1 000 余人，使体系办学队伍能力水平得到有效提高。加强专兼职教师队伍建设，仅农广校体系就建成了 6 万多人的专兼职教师队伍。各地还加强了师资库建设，推行导师团制度，不仅加强了教师队伍建设，实现了队伍素质提升，还有效提高了农民教育培训的质量和水平。

此外，农业部还利用实施的基层农技推广服务体系建设项目、农广校卫星网络和中国农业信息网“农科讲堂”，对农技人员开展知识更新培训。仅基层农技推广服务体系建设项目就为每县培训 100 名农技人员。

专栏四

全国新型职业农民培育试点工作经验交流

为系统总结新型职业农民培育试点工作开展以来各地试点工作情况，

交流部分省份推进试点工作的典型经验和有效做法，分析讨论新型职业农民培育的新形势、新问题，研究部署下阶段试点工作任务，2013年11月15～16日，全国新型职业农民培育试点工作经验交流会在陕西省西安市举行。农业部部长韩长赋出席会议并讲话，农业部副部长张桃林主持会议。各省、自治区、直辖市农业（农牧、农林）厅（局、委）负责人、科教处处长、各新型职业农民培育试点县农业部门负责人和农业部有关司局及事业单位的负责人参加会议。会议还邀请了教育部、共青团中央、中华全国妇女联合会、中国农业科学院和中国农业大学的有关领导应邀参加会议。各省、自治区、直辖市农广校校长列席会议。陕西、重庆、福建、四川、湖南、湖北等6个省、直辖市代表在会上做了典型发言，中华农业科教基金会宣读了评选资助的100名新型职业农民名单。

韩长赋指出，党的十八届三中全会对全面深化改革作出战略部署，对农村改革创新提出了明确要求。大力培育新型职业农民，是深化农村改革、增强农村发展活力的重大举措，也是发展现代农业、保障重要农产品有效供给的关键环节。确保国家粮食安全和重要农产品有效供给、推进现代农业转型升级、构建新型农业生产经营体系，都迫切需要培育新型职业农民。各级农业部门要认真学习、深刻把握党的十八届三中全会精神，充分认识新型职业农民培育的重要性、紧迫性，加快推进农民的职业化进程。

韩长赋强调，培育新型职业农民具有明显的公益性、基础性、社会性，是政府部门的基本公共服务内容，也是一项长期而艰巨的战略工程。各级农业部门要在认真总结借鉴试点工作经验的基础上，加大工作力度，创新培育模式，采取有效措施，推动新型职业农民培育不断迈上新台阶。要深入开展农民职业技能培训，积极发展农业职业教育，强化农民教育培训体系建设，逐步建立农民免费培训制度。积极探索新型职业农民认定管理方式，加大新型职业农民政策扶持。

韩长赋要求，强化新型职业农民培育工作的支持保障，确保新型职业农民培育各项工作落到实处。要加强组织领导，把培育新型职业农民纳入农业农村经济工作总体部署，作为当前和今后一个时期农业农村经济工作的中心任务和重点工作。要加大投入力度，鼓励有条件的地方设立专项资金，建立长效投入机制。要加快推进试点，及时总结试点经验，为全面推进新型职业农民培育做好制度储备。要做好宣传引导，在全社会营造推进新型职业农民培育的良好氛围。

张桃林在会议总结讲话中强调，培育新型职业农民是一项基础性、长远性、系统性、创新性工程，涉及多因素、多部门、多行业，需要开阔思路、创新思维、增强合力、反复实践，找到一条适合我国国情的职业农民发展道路。他要求，今后一个时期各级各地农业部门要继续加强理论研究，广泛凝聚各方面力量，吸收借鉴发达国家成功经验，强化顶层设计，提出适合我国国情的新型职业农民培育路径和制度体系；要积极争取政策和资金投入，争取农民接受中等职业教育国家助学和免学费政策，完善新型职业农民中等职业教育人才培养方案，继续深入推进农村劳动力培训阳光工程转型升级；要切实加强培训工作，分产业、分区域制定新型职业农民培训规范，积极探索创新教学模式，确保新型职业农民培训质量，建立新型职业农民知识更新长效机制；要充分整合优质培训资源，充分发挥农业广播电视学校、农业院校等机构作用，构建多元化、“一主多元”的新型职业农民教育培训体系。要强化绩效考核评价，把培育新型职业农民纳入农业部门绩效考核范围，设计定性与定量结合的评价指标体系，建立奖优罚劣的激励机制。

陕西、重庆、福建、四川、湖南、湖北等6个省、直辖市代表分别介绍了新型职业农民培育试点工作经验。陕西省制定了“网上教学、集中答疑、基地实训、技能鉴定、包抓指导、扶持发展”的培育模式，明确了组织保障体系、工作运行体系和政策支持管理体系三环节，确立了培训、指导和扶持的培育三要素；2013年省财政拿出1 000万元专门启动了32个试点县41个基地开展职业农民塑造工程。重庆市2013年投入资金2 396万元，在15个区县有针对性地对11 270名拟定对象开展培训，并在对新型职业农民类型、认定条件和标准开展调查研究的基础上，选择20个县乡镇全面开展职业农民的认定试点工作，探索建立职业农民个人数据档案信息，取得阶段性成效。福建省以新型职业农民培训学历教育为抓手，大力实施新型职业农民素质提升工程；采取免试入学、免费培养、突出产业教育、加强沟通互动等手段，创新培训模式，年培养2 000名专科学历、10 000名中等职业教育学历的新型职业农民，并颁发相应资格和学历证书。

四川省崇州市搭建了新型职业农民人才培养、人才管理、人才发展、政策扶持“四大平台”，积极探索实践新型职业农民培育管理体系；2013年培养农业职业经理人1 410人，培养职业农民4 500余人。湖南省平江县构建了日常运转体系、认定管理体系、教育培训体系、政策支撑体系“四大体系”，整合农业、扶贫、移民等各种涉农培训资金近300万元，培训培育对象3 000多人次。湖北省宜都市注重宣传发动，认真遴选培育对象，积极构建教育培训体系，夯实培育基础，创新培训模式，强化跟踪服务，取得了一定成效。

这次工作交流会统一了思想，提高了认识，从思想认识上解决了部分省份在新型职业农民培育工作上认识不到位、措施不得力等问题；鼓舞了干劲，明确了方向，交流了经验，促进了工作，达到了互相学习、互相启发的目的。

专栏五

“新型职业农民培育重大问题研究”进展

为厘清新型职业农民的概念和内涵，明确新型职业农民培育的深刻背景和重大意义，研究探索新型职业农民培育的路径和措施，2013年，农业部科技教育司和中央农广校共同开展了“新型职业农民培育重大问题研究”。

按照课题研究计划，主要开展了三方面工作。一是组建新型职业农民培育专家咨询组。2013年3月，组建了由中国社会科学院、中央农村工作领导小组办公室、农业部农村经济体制与经营管理司、农业部农村经济研究中心、中国人民大学等单位的专家组成新型职业农民培育专家咨询组，负责研究新型职业农民培育的重大方向，提出相关重大政策建议，指导课题深入开展。二是扎实开展课题研究。组织中央农广校、中国社会科学院农村发展研究所、中国农业大学、河北农业大学等单位有关专家，深入开展新型职业农民培育背景、内涵特征、制度体系、教育培训路径等研究，目前已取得初步研究成果。三是组织各省、自治区、直辖市开展研究。为获得可靠有效的数据支撑，中央农广校组织部分省份开展当地农村劳动力变化和教育培养目标、路径、体系、政策等方面研究。截至目前，共有内蒙古、黑龙江、四川等7个省、自治区报送课题实施方案，相关研究工作正在进行。

经过一年研究，课题组阐释了新型职业农民培育的背景和意义，理清了新型职业农民的内涵特征和三种类型，确立了培育制度体系的主要内容，明确了教育培训的重要内容和和路径，初步提出了相关政策建议。

关于新型职业农民培育的背景和意义。研究认为，培育新型职业农民是解决“谁来种地”问题的重大制度变革。培育新型职业农民有利于培养和稳定现代农业生产经营者队伍，有利于加快培育新型生产经营主体，有利于进一步增强农业农村发展活力，有利于促进工业化、信息化、城镇化和农业现代化四化同步发展。

关于新型职业农民的内涵特征和三种类型。研究认为，新型职业农民是以农业为职业、具有较高的素质和一定的专业技能、收入主要来自农业生产和经营的现代农业从业者，主要包括生产经营型、专业技能型和社会服务型三种类型。生产经营型职业农民，是指以农业为职业、占有一定的资源、具有一定的专业技能、有一定的资金投入能力、收入主要来自农业的农业劳动力，主要是专业大户、家庭农场主、农民合作社带头人等。专业技能型职业农民，是指在农民合作社、家庭农场、专业大户、农业企业等新型生产经营主体中较为稳定地从事农业劳动作业，并以此为主要收入来源，具有一定专业技能的农业劳动力，主要是农业工人、农业雇员等。社会服务型职业农民，是指在社会化服务组织中或个体直接从事农业产前、产中、产后服务，并以此为主要收入来源，具有相应服务能力的农业社会化服务人员，主要是农村信息员、农村经纪人、农机服务人员、统防统治植保员、村级动物防疫员等农业社会化服务人员。新型职业农民培育要以生产经营型职业农民为重点，生产经营型、专业技能型、社会服务型三类协调推进。

关于新型职业农民培育制度体系。研究认为，培育新型职业农民需构建包括教育培训、认定管理和政策扶持“三位一体”相互衔接配套的制度体系。教育培训主要是建立务农农民教育培训、农业后继者培养和认定后新型职业农民经常性培训的配套制度。认定管理办法包括认定条件、认定标准、认定程序、认定主体、承办机构、相关责任，建立动态管理机制等。支持扶持政策涉及生产性补贴、土地流转、金融信贷、政策性保险、社会保障、技术服务及其他支持。

关于新型职业农民教育培训路径。研究认为，根据新型职业农民三种类型，提出了相应的教育培训路径，包括农民职业教育和职业培训。农民职业教育主要层次是中等职业教育，重点是培养专业大户、家庭农场经营者、农民合作社负责人和农村基层组织负责人，模式是送教下乡、农学结合、弹性学制。农民职业培训包括系统培训、岗位培训和经常性培训。对生产经营型职业农民主要开展“一点两线”系统培训，“一点”是以产业为立足点，促进农业规模化生产；“两线”，一是技术技能路线，即从种到收，依据农业生产技术环节和农时季节开展全程培训，二是经营管理路线，即从生产决策、成本核算、过程控制、产品营销到资金回笼，依据时间节点和产业需求开展全程培训。对专业技能型和社会服务型职业农民，主要开展岗位培训和技能培训。对认定后的新型职业农民开展经常性培训。

研究提出相应的政策建议：一是完善农业职业教育资助政策。将务农农民纳入中等职业教育国家助学政策覆盖范围，享受国家助学补贴政策，支持他们就地就近接受中等职业教育。探索全日制农业高等职业教育国家助学补贴政策，鼓励新型职业农民的子女等就读农业院校，成为学农、爱农、务农的农业后继者。二是设立新型职业农民培训工程。由中央财政支持，参照阳光工程创业培训标准，对务农农民开展农业系统培训和岗位技能培训。三是制订农民教育培训法律法规。通过立法，明确新型职业农民教育培训的目标任务、组织管理、责任分工、机构认定、经费投入和奖惩措施等，明确新型职业农民参加教育培训的权利和义务，确保新型职业农民教育培训有序推进和健康发展。

美丽乡村创建工程

美丽乡村创建工程

一、美丽乡村试点创建全面推开

党的十八大首次把生态文明纳入国家现代化建设“五位一体”总体布局，并提出要把生态文明建设放在突出位置，努力建设美丽中国，实现中华民族永续发展。建设美丽中国，重点和难点在乡村。2013年中央1号文件要求加强农村生态建设、环境保护和综合整治，努力建设美丽乡村。农业部把建设美丽乡村作为重点工作进行了重点部署，年初便在全国启动了美丽乡村创建活动。这项活动被列为2013年农业部为农民群众办的实事之一。

（一）美丽乡村创建政策投入体系初步建立

2013年2月，农业部下发了《关于开展“美丽乡村”创建活动的意见》，以科学发展观为指导，以促进农业生产发展、人居环境改善、生态文化传承、文明新风培育等为目标，按照天蓝、地绿、水净，安居、乐业、增收的要求，培育形成不同类型、不同特点、不同发展水平且可复制的美丽乡村创建模式，推动形成农业产业结构、农民生产生活方式与农业资源环境相互协调的发展模式，加快我国农业农村生态文明建设进程。农业部美丽乡村创建活动，一方面通过树立尊重自然生态的理念，强调科技支撑和传播生态观念，进一步完善和提升社会主义新农村的发展观；另一方面则通过建立明确、系统的政策投入体系，来实实在在推动活动的创建，实现资源环境的有效利用，保护传承好乡村历史文化，解决可持续发展的问题，从而促进农业农村经济健康发展，提升农民的幸福感。

农业部不断加大扶持力度，科技教育司各项资金、项目均向美丽乡村创建工作倾斜。例如，农村沼气工程、新型职业农民培训项目、农业清洁生产项目、全国农技推广示范县项目、农村清洁工程、农村能源综合建设、专家进村入户、技术引进与示范、农业部重点实验室体系建设、公益性行业（农业）科研专项等项目都安排了美丽乡村创建相关的项目，开展美丽乡村建设关键技术研究，为美丽乡村创建提供技术支撑。

在这些项目当中，沼气项目属于基建项目，申报程序是县级农业、发改部门向省级农业、发改部门申报，再上报农业部、国家发展和改革委员会，最后下达投资计划。其他项目皆属于财政专项，其中农业清洁生产项目是由县级农业、发改部门向省级农业、发改部门申报，再上报农业部、国家发展和改革委员会，最后下达资金计划。其他项目皆是县级农业部门向省级农业部门、财政部门或者农村能源部门申报，再上报农业部，最后下达投资计划。

这些项目主要包括以下内容：农村沼气项目重点支持建设以“一池三改”为重点的户用沼气、大中型沼气工程、联户沼气、乡村沼气服务站等。新型职业农业培训项目主要开展新型职业农民培训，每村培训农民 50 人。农业清洁生产项目主要支持地膜回收利用。全国农技推广示范县项目主要支持农技推广人员开展技术服务。农村清洁工程项目主要对农村人畜粪便、生活垃圾和污水处理设施建设进行补助。农村能源综合建设主要用于省柴节煤炉灶炕升级换代、太阳能利用、生活污水净化设施的补助。专家进村入户项目主要建设田间学校、网络书屋，依托产业技术体系综合试验站，为每个美丽乡村创建试点单位对接一定数量的专家，包村联户开展长期科技服务。技术引进与示范项目主要根据每个村的主导产业，安排基层农技推广体系技术指导员包村进行指导。编写美丽乡村技术手册等相关技术材料，发放到美丽乡村农民手中，制作美丽乡村广播节目光盘，指导美丽乡村及时收听广播。

政策投入总的思路是：用好存量资金，调整优化现有投入结构，加大对美丽乡村创建的扶持力度。争取财政、发改部门支持，同时积极争取社会各界的支持，尽快形成共同关注、集中投入、全面创建的局面。

（二）美丽乡村创建技术支撑持续强化

在农业科技创新方面，依靠科技引领和支撑来解决生态环境和资源保护的问题。农业部在 2006 年以来的 7 年间，立项部署了 364 个公益性农业行业科研专项，其中，有关农业资源利用、生态安全、环境保护与可持续发展的项目比例超过总项目数的 60%，科研经费超过总经费数的 60%，参加的科研人员超过总数的 60%。美丽乡村创建紧紧依托公益性农业行业科研专项等科研项目，组织全国各方面农业科研力量，着力研究解决大宗农作物产地污染物阻控关键技术、水域主要农业源污染物防控技术、集约化农区种养结合生产技术集成与工程技术、农作物最佳养分管理技术、主要农产品产地土壤重金属污染防控技术、农业清洁生产与农业废弃物循环利用集成配套技术等，目前部分研究已经取得可以推广应用的成果。

在农技推广方面，党中央、国务院从 2006 年起开始大力推动基层农技推广体系改革与建设，特别是 2012 年中央 1 号文件“一个衔接、两个覆盖”政策的出台，取得显著效果。到 2013 年为止，中央财政先后投入 130 多亿元，县、乡两级农技推广机构管理体制基本理顺，农技推广人员队伍得以稳定，农技人员基本工作经费、工作条件和工资待遇得到保障。村级农技推广服务站点也已逐步建立。在美丽乡村创建活动中，通过农技推广体系，积极开展农业环保实用技术的推广、咨询服务和监督管理。推广应用国内外先进技术，如秸秆肥料化、饲料化、原料化、基料化、燃料化等综合利用技术，植保和替代农药技术，测土配方施肥技术，土壤病虫鼠害综合防治技术，人畜粪便无害化处理技术以及农产品无公害标准化生产等技术。通过乡村农技员、沼气工、农机手等培训，提高其推广应用和带动广大农民开展清洁、安全、科学生产和应用普及先进实用科技成果的能力。通过鼓励和引导各级各类农业大学、农业科学院的专家带着技术、项目和资金进村、到场、入户，在乡村建立试验示范基地，做给农民看，带着农民干。

（三）美丽乡村建设理论研究不断深入

美丽乡村是一个有丰富、深刻内涵的概念，它继承和丰富了社会主义新农村理论。在美丽乡村创建活动之初，农业部科技教育司就成立专门的研究团队，同步展开了理论研究，以落实“要上升到理论高度，过程要靠理论来指导，最后要形成理论成果”的思路。这些研究，主要是从理论层面来探讨以下几个问题。

1. **美丽乡村建设的理论基础问题**。有三个关键问题：“为什么要建设美丽乡村、美丽乡村建设什么、怎样建设美丽乡村”。为什么要建设美丽乡村？一个基本出发点就是推进农村的生态文明建设，实现农业的可持续发展。遵循节约优先、保护优先的方针，结合农业资源和生态环境空间格局，调整农业产业结构，着力推进循环农业、生态农业，实现低碳发展、绿色发展，转变农业发展方式和农民的生活方式，提高农业的资源利用率，有效地遏制农业农村生态环境恶化的趋势，切实促进农业的稳定增产、农民的持续增收、农村的和谐发展。美丽乡村建设什么？2013 年 5 月 3 日，农业部发出《关于组织开展美丽乡村创建试点申报工作的通知》（农办科〔2013〕30号），通知中附带印发了农业部美丽乡村创建目标体系。这个目标体系提供了一个美丽乡村的蓝图和框架，是创建工作的“指挥棒”。通过制定一个科学、权威和量化的目标体系，引导各地、引导广大农村地区的创建活动。在这个过程中，寻找、发现和宣传推荐典型，用典型引路，示范带动，然后再以点带面，促进其他地区的发展。目标体系体现了宏观的、原则性要求和约束性指标相结合，分两个大类。一个是总体目标，就是按照生产、生活、生态、和谐发展的要求，坚持科学规划、试点先行、保障有力、注重实效的原则，以政策、人才、科技、组织为支撑，以发展农业生产、改善人居环境、传承生态文化、培育文明新风为途径，构建与农业资源环境相协调的农村生产生活方式，形成各具特色的美丽乡村发展模式，打造生态宜居、生产高效、生活美好、人文和谐的典型示范，全面推进现代农业发展和农村生态文明建设。简单来说，就是四句话：生态宜居、生产高效、生活美好、人文和谐。怎样建设美丽乡村？有五个方面的分类目标，也就是美丽乡村建设的内容，包括产业、环境、和谐、文化和组织五个方面。其中，产业是支撑，环境是基础，和谐是根本，文化是灵魂，组织是保障。

2. 美丽乡村与新农村建设的关系问题。美丽乡村建设就是针对新农村建设中出现的乡村规划、环境污染、新型职业农民培育等问题出台的重大政策措施。美丽乡村建设与新农村建设相辅相成、相得益彰，美丽乡村建设是升级版的新农村建设，它既秉承和发展新农村建设“生产发展、生活宽裕、村容整洁、乡风文明、管理民主”的宗旨思路，延续和完善相关的方针政策，又丰富和充实其内涵实质，集中体现在尊重和把握其内在发展规律，更加注重关注生态环境资源的有效利用，更加关注人与自然和谐相处，更加关注农业发展方式转变，更加关注农村可持续发展，更加关注保护和传承农业文明。美丽乡村之美既体现在自然层面，也体现在社会层面，在新农村建设快速推进的今天，美丽乡村建设对于改造空心村，盘活和重组土地资源，提升农业产业，缩小城乡差距，推进城乡发展一体化都有着重要意义。

3. 美丽乡村与城镇化关系的问题。美丽乡村建设，就是通过发现、挖掘、培育乡村的美，来改造、建设乡村，从而让农民留在农村，让城里人到农村消费、休闲。从一定角度讲，美丽乡村建设存在一种逆城镇化的作用。这种作用其实是“美丽乡村”甚至“社会主义新农村”概念提出的原因所在。美丽乡村建设所要做的，就是通过发展农业、富裕农民、建设乡村，实现“城乡等值化”和城乡一体化，最终消除城乡二元结构，填平城乡之间的“鸿沟”。

（四）美丽乡村创建试点乡村确定并发布

2013 年 5 月，农业部发出《关于组织开展美丽乡村创建试点申报工作的通知》，在全国范围内遴选 1 000 个左右美丽乡村，其中上半年 300 个，下半年 700 个左右。在各地申报的基础上，农业部科技教育司组织专家按照生产、生活、生态和谐发展的要求，以“生态宜居、生产高效、生活美好、人文和谐”为标准对各地申报的美丽乡村进行了评审，最终确定了 1 100 个美丽乡村创建试点乡村。力争通过有计划、有步骤的创建工作，使这些乡村能够有较大的提升。在这 1 100 个美丽乡村创建过程中，农业部将推出一系列的政策措施来推动创建。同时，注重培养农民群众的主人公意识，只有调动起他们的积极性，让他们都参与进来，美丽乡村创建活动才有了内生动力，从而可以健康永续发展。

二、重点工作扎实推进

（一）农业面源污染监测与防治

2013 年，农业部进一步调整、优化、完善了全国农业面源污染定位监测点，形成了由分布于30个省份、270个国控监测点和1 200余个监测小区组成的全国农业面源污染国控监测网；组织编制了《全国农田地膜残留污染国控监测网实施方案》，建立了由210个点组成的全国地膜残留国控监测网，初步完成了《2012年度面源污染监测年报》，基本实现了我国农业面源污染监测工作的规范化、常态化和制度化。

2013年，农业部会同国家发展和改革委员会、财政部继续在新疆、甘肃、河北、吉林等10个省份的80个县开展以地膜回收利用为主要内容的农业清洁生产示范，新增地膜加工能力61 517吨，新增回收地膜面积2 260万亩，深入推进农田残膜污染防治和回收体系建设，有效应对农田“白色污染”问题。甘肃省以实施农业清洁生产示范项目为契机，结合当地残留农膜污染严重的问题，颁布出台了《甘肃省废旧农膜回收利用条例》并于2014年1月1日起正式实施。同时，农业部还在北京、天津、河北等10个省份开展了农业清洁生产技术试点示范建设，在辽宁、山西、广西等10个省份开展了循环农业示范市建设，积极探索实用的农业清洁生产技术和循环农业模式和工程措施，为不断深化农业清洁生产和循环农业示范建设提供理论和技术支撑。

（二）农产品产地环境土壤重金属污染防治

2013年农产品产地土壤重金属污染防治工作平稳推进，在规划的130万个土壤重金属污染监测点位中，目前任务已完成过半。在全国设立了农产品产地土壤重金属污染监测预警国控点15.2万个，全面启动农产品产地动态监测，建立了产地安全预警机制。在全国建立了9个重金属污染修复示范点，对中、轻度重金属污染土壤，实施以农艺措施为主体修复技术的示范和推广。在湖南、湖北、辽宁和天津4个重污染区域，建立农产品禁止生产区划分示范点，开展禁止生产区划分和种植结构调整示范。此外，为加强南方重金属污染区水稻生产，印发了《稻田重金属镉污染防控技术指导意见》，采取控制污染源、推广低镉积累品种、加强水肥管理、改变农艺措施、调整种植结构等措施，加强稻米镉残留超标区水稻安全生产技术指导。

构建了基于GIS的农产品产地数据管理平台和产地安全管理信息系统，实现对农产品产地数据的输入、输出、编辑、上报等分类管理，完成5.9万份重金属污染土壤监测样品入库存放。此外，开展了农产品产地土壤重金属污染修复与禁止生产区划分试点的技术指导，召开9个省份农产品产地重金属污染修复示范和4个省份禁止生产区划分试点培训及技术交流会议，开展农产品产地土壤重金属污染修复示范和禁产区划分试点建设工作，进行污染修复技术、禁产区种植结构调整、禁产区补偿机制和方法等的探索。

（三）外来入侵物种防控与农业野生植物保护

1. 野生植物保护稳步推进。开展农业野生植物保护，加强品种资源保护、研究和利用，是保障粮食安全、生态安全、农业可持续发展和农民增收的物质基础和重要保障。通过开展农业野生植物资源调查、资源抢救性收集与优异性状鉴定、项目监测、宣传与技术培训等工作，物种资源保护工作取得了一定成效。

一是法律法规和政策措施不断完善。为保护野生植物资源不受破坏，我国相继出台了一系列管理和保护的法律法规，《中华人民共和国森林法》、《中华人民共和国草原法》、《中华人民共和国自然保护区条例》、《中华人民共和国土地管理法》、《野生药材资源保护管理条例》等均将野生植物资源保护纳入其中。1996年，国务院正式发布了《中华人民共和国野生植物保护条例》，这是我国第一部专门针对野生植物保护的行政法规，对国家重点保护野生植物的采集（伐）、出售、收购、进出口、野外考察等，均作了明确规定。1999年国务院正式批准公布了《国家重点保护野生植物名录（第一批）》，共列植物419种和13类（指种以上分类等级），其中一级保护的67种和4类，二级保护的352

种和9类。2002年农业部发布了《农业野生植物保护办法》，将农业野生植物保护工作更加具体化。许多省份已经制定或正在制定野生植物保护管理办法，形成了较完整的野生植物保护法律法规体系。

在加强法律法规建设的同时，农业部还组织制定了多项农业野生植物保护行业标准，为农业野生植物保护奠定了良好的技术基础。

表2 国家及有关省份农业野生植物保护法律法规及制度

序号	发布时间	名称
1	1996年9月	中华人民共和国野生植物保护条例
2	2002年9月	农业野生植物保护办法
3	1985年3月	吉林省野生动植物保护管理暂行条例
4	1995年6月	云南省珍稀濒危植物保护管理暂行规定
5	2001年8月	国家重点保护野生植物名录（第一批）修正案
6	2004年7月	湖南省野生动植物资源保护条例
7	2005年6月	黑龙江省野生药材资源保护条例
8	2006年9月	新疆维吾尔自治区野生植物保护条例
9	2007年7月	河南省野生植物保护条例
10	2008年4月	江西省野生植物资源保护管理暂行办法
11	2008年12月	广西壮族自治区野生植物保护办法
12	2010年1月	陕西省野生植物保护条例
13	2010年9月	浙江省野生植物保护办法

表3 国家及有关省份野生植物保护名录

序号	发布时间	名称
1	1999年8月4日	国家重点保护野生植物名录（第一批）
2	2004年11月28日	山西省重点保护野生植物名录
3	2005年9月23日	江西省重点保护野生植物名录
4	2006年12月18日	海南省重点保护野生植物名录
5	2007年8月27日	新疆维吾尔自治区重点保护野生植物名录
6	2008年3月10日	北京市重点保护野生植物名录

（续）

序号	发布时间	名　称
7	2008年12月30日	青海省重点保护野生植物名录
8	2009年8月20日	内蒙古自治区重点保护草原野生植物名录
9	2009年12月9日	吉林省省级重点保护野生植物名录
10	2009年12月21日	陕西省地方重点保护植物名录
11	2010年4月1日	广西壮族自治区重点保护野生植物名录
12	2010年8月24日	河北省重点保护野生植物名录

表4　农业野生植物原生境保护技术标准

标准号	标准名称
NY/T 1668—2008	农业野生植物原生境保护点监测预警技术规程
NY/T 1669—2008	农业野生植物调查技术规范
NY/T 2216—2012	农业野生植物原生境保护点监测预警技术规程
NY/T 2217.1—2012	农业野生植物异位保存技术规程　第一部分：总则

二是开展物种资源调查工作。自2002年开始，各省级农业环保部门对列入《国家重点保护野生植物名录》中与农业相关的物种进行资源调查。2013年继续组织24个省份对列入《国家重点保护野生植物名录》的22种农业野生植物调查进行调查，在宁夏新发现稀有兰科植物瓣角盘兰，在广西新发现2个野生白毛茶居群和2个野生大豆分布点，在海南发现野生兰花新纪录种8个。各地根据资源调查结果建立GPS/GIS数据库，并重新填报了重点野生植物资源分布情况，为《生物物种资源保护工程规划（2014—2020年）》的编制工作提供了有力的技术支撑。

三是推进原生境保护点建设与监测。农业部组织制定了《全国农业生物资源保护工程建设规划（2011—2015年》，根据该规划，对遗传多样性丰富、濒危状况比较严重的国家重点保护农业野生植物中，对粮食生产和农业可持续发展有重要影响，且具有重要开发利用价值的农业野生植物居群实施农业野生植物原生境保护。2013 年新投资建设农业野生植物原生境保护点 14 处。对 2001—2013 年投资建设的所有保护点开展系统调查，建成国家农业野生植物原生境保护点管理信息系统。继续在广西、湖北和宁夏等地选择野生稻、野生大豆、小麦野生近缘植物等 15 个原生境保护点开展跟踪监测。

四是开展农业野生植物资源抢救性收集。在全面调查的基础上，抢救性收集野生稻、野生大豆、小麦野生近缘植物、野生茶树、野生苎麻、野生桑树、野生果树等重要农业野生植物资源 1.5 万余份（次）。同时，对所有收集的各类农业野生植物资源进行了编目和繁殖，分别进入国家种质库或种质圃实行异位保存。2013 年抢救性收集极度濒危野生植物资源 1 805 份，其中野生大豆1 052 份，野生稻 136 份，小麦野生近缘植物 84 份，野生苹果 126 份（枝条），野生梨 28 份（枝条），野生苎麻 110 份，野生李和海棠 105 份，中华重楼 105 份，野生兰科植物 59 份，抢救性收集来的种质资源已经安全保存在种质圃和种质库。

五是全面推进资源鉴定评价并取得丰硕成果。利用分子标记技术，对已收集的野生稻、野生大豆和小麦野生近缘植物等资源开展了遗传多样性研究，基本形成了一套比较可行的分子身份证构建技术体系。2013 年从野生稻种质资源中筛选出 7 个耐旱系和 10 份耐低氮的新材料，定位 6 个来自野生稻的抗旱基因（QTL）和 10 个氮素高效利用基因（QTL），克隆 3 个耐旱基因、1 个氮高效利用基因和 1 个穗型基因。抗旱基因和氮高效利用基因可望用于水稻的遗传改良，1 个抗旱基因正在申请国际专利。鉴定野生大豆种质 629 份，筛选出抗胞囊线虫种质（IP≤10%）14 份，高感病种质 10 份，利用野生大豆繁殖更新资源 845 份。对 3 种药用价值高的野生兰花种进行离体保存和鉴定评价，并探索工厂化生产种苗 1 万株以上。对野生稻材料开展稻瘟病抗性鉴定；筛选出对重金属具有较好吸附能力的优异野生苎麻种质资源 3 份；鉴定 2 份抗白叶枯病和稻瘟病的野生稻资源，作为潜在的抗性亲本用于水稻抗病育种。

2. 外来入侵物种防控工作成效显著。

一是扎实推进外来入侵物种防控管理工作。2003 年成立外来入侵物种管理办公室和农业部外来入侵物种预防与控制研究中心，组织起草了《外来物种管理办法（草案）》、《全国外来入侵物种防治规划》，2005 年发布了《农业重大有害生物及外来入侵物种突发事件应急预案》。指导地方修改完善了相关法规，如湖南省 2011 年发布了《湖南省外来物种管理条例》。全国 27 个省份发布了有关外来入侵物种管理的应急预案，18 个省份成立了外来入侵物种管理办公室或建立了联席会议制度。2013 年发布《国家重点管理外来入侵物种名录（第一批）》，收录对农林业生产和生态危害较为严重的 52 种外来入侵物种，组织编辑出版《国家重点管理外来入侵物种防治技术手册》。

二是继续加强本底调查和监测预警。已初步形成了以农业专家咨询组为龙头，34 个省级农业环保站为主体，276 个地级站和1 572 个县级站为基础的国家、省、地、县外来入侵物种监测预警网络，建立起了一支稳定的从事外来入侵物种管理基层队伍，基本摸清了全国外来入侵物种底数，建立了 529 种外来入侵物种的信息数据库；开发建立 35 种危险外来入侵物种的快速分子检测技术；制订了 40 种农业重大外来入侵物种应急防控技术指南；发布了 17 项外来入侵物种监测、评估、防控行业技术规范；初步形成从中央到省、地、县的监测体系。2013 年组织各地开展外来入侵物种种类、分布和危害等基本情况的全面调查，进一步完善中国外来入侵物种数据库信息，建立外来入侵物种条形码识别系统，探索外来入侵物种安全性评估指标体系，开发重要外来入侵物种安全性评价系统。尝试利用国产环境与灾害监测预报卫星（HJ-A/B）

数据，采用遥感技术手段，对贵州乌下江水葫芦、广西龙江河大薸入侵情况开展动态监测。

表 5　外来入侵物种监测、评估、防控技术标准

序号	标准号	标准名称
1	NY/T 1705—2009	外来昆虫风险分析技术规程　椰心叶甲
2	NY/T 1706—2009	外来昆虫风险分析技术规程　红棕象甲
3	NY/T 1707—2009	外来植物风险分析技术规程　飞机草
4	NY/T1850—2010	外来昆虫引入风险评估技术规范
5	NY/T 1851—2010	外来草本植物引入风险评估技术规范
6	NY/T 1861—2010	外来草本植物普查技术规程
7	NY/T 1862—2010	外来入侵植物监测技术规程　加拿大一枝黄花
8	NY/T 1863—2010	外来入侵植物监测技术规程　飞机草
9	NY/T 1864—2010	外来入侵植物监测技术规程　紫茎泽兰
10	NY/T 1865—2010	外来入侵植物监测技术规程　薇甘菊
11	NY/T 1866—2010	外来入侵植物监测技术规程　黄顶菊
12	NY/T 2151—2012	薇甘菊综合防治技术规程
13	NY/T 2152—2012	福寿螺综合防治技术规程
14	NY/T 2153—2012	空心莲子草综合防治技术规程
15	NY/T 2154—2012	紫茎泽兰综合防治技术规程
16	NY/T 2155—2012	外来入侵杂草根除指南

三是组织开展外来入侵物种灭除和应急防控。自 2003 年起，按照“广泛发动、防除并举、突出重点、注重实效”的方针，组织开展“全国十省百县”灭毒除害行动，2006 年扩展到全国 22 个省份 600 多个县市，分别开展了以豚草、水花生等 20 种外来入侵物种为重点的集中灭除，动员人员 4 272 多万人次，累计铲除（防治）外来入侵物种面积达到 8 600 多万亩次，重点区域铲除（防治）率达到 75%以上，有效控制了外来入侵物种的扩散和蔓延。2013 年继续组织全国 22 个省份开展外来入侵物种灭毒除害行动。据不完全统计，全年动员 91 万人次，组织

铲除行动 87 次，累计防治（铲除）外来入侵生物 430 多万亩。举办培训班 424 次，培训 17 万人次，发放宣传材料 53 万份。针对广西大薸、内蒙古少花蒺藜草、湖南水花生入侵爆发突发事件，组织专家赴现场进行指导，制定突发事件应急处理技术方案，多方筹措资金，启动应急机制，组织开展防治，有效控制了外来入侵物种的扩散和蔓延，降低了农牧业的损失。

表 6　外来入侵物种集中灭除活动

时间	主要集中灭除活动名称
2003 年	“一省五县”灭毒除害试点行动：辽宁省铲除豚草，在云南省开远市、腾冲县及四川省西昌市、宁南县和攀枝花市仁和区开展铲除紫茎泽兰
2004 年	“十省百县”灭毒除害试点行动：在北京、辽宁、山东、江苏、安徽、江西、湖北、重庆、四川、云南等 10 个省份的 100 个县，铲除豚草、紫茎泽兰、水花生、少花蒺藜草和西花蓟马等外来入侵生物
2005 年	“十省百县”灭毒除害行动：在北京、辽宁、浙江、安徽、湖北、湖南、贵州、重庆、四川、云南、广东等省份的 100 个县，铲除紫茎泽兰、豚草、水花生、一支黄花、福寿螺、红火蚁等外来入侵生物
2006 年	“十省百县”灭毒除害行动：在北京、河北、云南、贵州、四川、重庆、湖北、辽宁、安徽、湖南等 10 个省份的 100 个县，铲除紫茎泽兰、水花生、加拿大一枝黄花、豚草、黄顶菊、少花蒺藜草、福寿螺等外来入侵生物
2006 年 9 月 14 日	海南省螺旋粉虱应急防治大行动
2007 年	“十省百县”灭毒除害行动：在河北、安徽、湖南、湖北、海南、辽宁、四川、贵州、重庆等 10 个省份的 100 县，灭除紫茎泽兰、水花生、加拿大一枝黄花、黄顶菊、福寿螺等外来入侵生物
2007 年 4 月	河北省黄顶菊应急防治行动
2007 年 5 月	安徽省铲除水花生应急行动
2008 年 7 月 28 日	辽宁省铲除外来入侵植物刺萼龙葵大行动
2008 年 10 月 25 日	云南省“铲除薇甘菊，保护我家园”防控行动

（续）

时间	主要集中灭除活动名称
2009年9月8日	湖北洪湖水花生应急防除行动
2009年10月13日	云南德宏薇甘菊灭除行动
2010年6月9日	贵州黔西南紫茎泽兰应急防控行动
2010年6月11日	湖南浏阳福寿螺应急灭除行动
2011年8月	四川新津福寿螺现场灭除活动
2011年10月	云南德宏薇甘菊现场灭除活动
2011年10月	贵州安顺紫茎泽兰现场灭除活动
2012年8月	江西新余水花生现场灭除活动
2012年9月	湖北咸宁水花生现场灭除活动
2012年9月	吉林白城刺萼龙葵现场灭除活动

四是全面构建持续治理和技术试点示范机制。启动了一批外来入侵物种防治公益性行业科研专项，开展外来入侵物种的化学、生物、替代防治技术研究与示范，已经开发出低容量喷雾、静电超低量喷雾等高效施药技术，筛选研制了利用牧草、灌木、农作物等替代入侵植物生态调控技术，已取得很好的经济、生态、环境效果。2013年指导各地开展综合防控，建设少花蒺藜草防控示范区，建成6个水花生叶甲繁殖基地，构建紫茎泽兰阻截带。完善豚草、水花生和烟粉虱的天敌昆虫的规模化生产和释放技术。在广西、湖北、江西、福建等地开展以生物防治为核心的豚草和水花生的持续治理技术示范和推广应用。在河北和新疆等地开展以生物防治和生态调控为核心的蔬菜田和棉田烟粉虱综合防治技术示范和应用，探索利用紫茎泽兰加工生物有机肥、生物活性炭、生物质燃料、染料，稳步构建外来入侵物种持续治理和技术试点示范机制。

（四）农村清洁工程

为实现农村生活和农业生产方式转变，从根本上解决农村脏、乱、差问题，农业部以农村人居环境综合整治为着力点，在 2005 年启动了农村清洁工程示范建设，进行美丽乡村建设。截止 2013 年底，在全国 24 个省份已建农村清洁工程示范村 1 600 余个，开发了一系列较为成熟的生活垃圾、污水、人畜粪便处理工艺与配套设施，开展田园清洁、家园清洁和村级公共清洁等设施建设，将人畜粪便、生活垃圾和污水、作物秸秆进行无害化处理和资源化利用。通过建设示范村，农田化肥、农药减施在 20%以上，秸秆资源化利用率达 80%以上，生活污水资源化处理利用率、农田废弃物收集率和人畜粪便处理利用率均达 90%以上，有效减缓农业面源污染，促进了农业生态文明建设。

（五）农村可再生能源利用

全国农村可再生能源工作成效显著，受到社会各界的广泛关注和农民群众的普遍欢迎，成为发展现代农业和创建美丽乡村的重要抓手。

1. **推动农村沼气健康发展。**为贯彻落实 2012 年 12 月召开的全国农村沼气工作会议精神，农业部科技教育司采取措施，加强管理，全面推进农村沼气建设。

一是分析形势，推动农村沼气实现五大转变。坚持与时俱进，巩固建设成果，转变发展观念，拓展沼气功能，提高建设质量，实现农村沼气事业的持续健康快速发展，推动农村沼气实现五大转变：结构上由户用沼气为主向沼气多元化发展转变，功能上由生活为主向生活生产生态一体化转变，服务上由建站布点为主向注重可持续运营转变，政策上由前端建设补助向前端建设补助和终端产品补贴相结合转变，建设上由新建为主向新建与巩固并重转变。

二是明确项目安排原则，调整农村沼气投资结构。户用沼气的安排充分尊重农民意愿，大中型沼气项目只支持为农户供气的沼气工程。鼓励各地探索农民合作社、村委会和涉农企业作为建设主体承担项目的模式，把开展沼渣、沼液利用作为项目审核的重要内容，不断提高沼气工程综合效益。2013年中央投资24亿元，安排沼气用户82.56万户，其中：户用沼气9.37亿元、47.79万户，养殖小区沼气工程4.84亿元、8 520处、供气22.27万户，大中型沼气工程6.94亿元、540处、供气12.5万户，乡村服务网点2.85亿元、7 251个。

三是下放管理权限，简化工作程序。根据国家发展和改革委员会《关于将廉租房等31类点多面广量大单项资金少的中央预算内投资补贴项目交由地方具体安排的通知》（发改投资〔2013〕1238号）文件，将沼气项目立项审批权交由地方具体组织，同时，将沼气产品及设备招标权也交由地方组织。沼气项目投资管理权限下放后，中央在项目审核立项方面的工作量减少，地方对项目安排的决策权加大，有利于优化项目结构和加强监管，促进提高项目建设质量和效益。

四是加强行业管理，转变工作方式。适应农村沼气投资管理体制改革的实际，农业部积极转变项目管理和工作方式，加强项目监督检查，加强科研攻关和新技术、新产品推广，严把就业准入和质量标准。同时，总结各地后续服务典型经验，编写了《农村沼气服务十大模式》，加强对各地后续服务指导，促进农村沼气健康发展。

2. 积极推动多能互补。为进一步贯彻落实“因地制宜、多能互补、综合利用、讲求效益”的农村能源建设方针，积极推动多能互补。

一是组织开展试点示范。在抓好农村沼气建设的同时，引导各地因地制宜推广太阳能、风能等技术，开展省柴节煤炉灶炕升级换代，推广清洁炉灶，在吉林、江西、广西、海南、重庆、西藏等地开展能源生态示范村建设，多渠道、多途径、多形式地满足农民对清洁能源的需求，把农民的能源问题和农业的生态问题解决在农业生产和农村生活内部。

二是组织举办节能炉具博览会。组织举办了第七届中国节能炉具博览会，创下了历届炉具展会在参展单位、签约订货、合作意向、参观人数等多方面的新高，还有来自世界银行、国际清洁炉灶联盟等国际组织和 20 多个国家的外宾前来参观。

三是举办培训班。组织举办了全国省柴节煤炉灶炕升级换代培训班，就中国民用炉具产业发展现状、历史沿革与产业发展、国际炉灶发展态势、各地经验等进行了充分研讨和交流，加快了清洁炉灶推广步伐，促进了农村能源多能互补，推动了美丽乡村建设。

3. 全面开展国际合作。大力推进多形式、多层次、全方位的国际交流与合作，拓宽合作范围。与世界银行（WB）、亚洲开发银行（ADB）、全球清洁炉灶联盟（GACC）、荷兰发展组织（SNV）、国际标准化组织（ISO）、壳牌基金会等国际组织以及德国、瑞典、英国、美国、丹麦和东盟等国家开展了广泛的交流与合作。特别是与德国在农村沼气方面开展了实质性合作，在中德两国农业部签署的进一步加强农业合作的共同声明中，将沼气利用合作提升到中德两国农业政府间合作层面，在中德农业联委会框架下组建了中德沼气合作委员会，正在筹建中德沼气研发中心，组织指导相关机构及企业开展政策研究与技术交流，在中国建设示范工程，共同致力于国际生物质能可持续发展。

（六）秸秆综合利用

2008 年，国务院办公厅印发了《关于加快推进农作物秸秆综合利用的意见》（国办发〔2008〕105 号），明确了秸秆综合利用的指导思想、基本原则，提出“到 2015 年基本建立秸秆收集体系，基本形成布局合理、多元利用的秸秆综合利用产业化格局，秸秆综合利用率超过 80%”的发展目标，从推进产业化、加强技术研发推广、加大政策扶持、加强组织领导等方面提出了具体推进措施。为推动秸秆综合利用工作，专门建立了以国家发展和改革委员会、农业部牵头，中央宣传部、教育部、科学技术部、财政部、环境保护部、国家税务总局、国家能源局、国务院法制办公室等单位参与的秸秆综合利用统筹协调机制，大部分省、自治区、直辖市及计划单列市都建立了相应的统筹协调机制。国家发展和改革委员会、农业部、财政部编制印发了《"十二五"农作物秸秆综合利用实施方案》。国家发展和改革委员会、农业部印发了《关于编制农作物秸秆综合利用规划指导意见》，对各地编制农作物秸秆综合利用中长期规划提出了具体要求，积极指导各地编制了"十二五"秸秆综合利用规划。2013年，国家发展和改革委员会、农业部、环境保护部联合印发了《关于加强农作物秸秆综合利用和禁烧工作的通知》，进一步明确秸秆综合利用和禁烧工作的要求。国家发展和改革委员会、农业部联合印发了《关于开展农作物秸秆综合利用规划中期评估的通知》，开展秸秆综合利用中期评估，及时掌握秸秆综合利用进展情况。

近年来，农业、发改等部门高度重视秸秆综合利用工作，积极采取措施，加大秸秆还田力度，发展秸秆养畜，推广秸秆能源化利用技术，推进秸秆的肥料化、饲料化、燃料化利用，解决秸秆废弃、焚烧带来的资源浪费和环境污染问题，取得了很好的成效。一是秸秆肥料化利用发展迅速。通过推广机械粉碎还田、保护性耕作、腐熟还田、秸秆堆沤、秸秆生物反应堆等技术，秸秆肥料化利用率逐年提高。据调查，全国秸秆肥料化利用量达到2亿多吨，占秸秆可收集量的26%以上。二是秸秆饲料化利用稳步推进。通过秸秆青贮、氨化、微贮或生产颗粒饲料等技术，为畜牧业持续发展提供饲料来源。目前，全国秸秆饲料化利用量近2.2亿吨，占秸秆可收集量近28%。三是秸秆能源化利用成效明显。通过秸秆直接燃烧、秸秆沼气、秸秆固化成型燃料、秸秆热解气化、直燃发电和秸秆干馏等方式，将秸秆转化为清洁能源，效果明显。目前，全国秸秆能源化利用量超过1亿吨，占秸秆可收集量14%左右。此外，通过秸秆造纸，生产板材、活性炭、木糖醇，制作工艺品等，可替代木材、粮食。利用秸秆作为基料食用菌栽培技术日趋成熟，潜力很大，成效显著。

（七）农业行业节能减排

按照国务院《"十二五"节能减排综合性工作方案》、《节能减排"十二五"规划》的部署和要求，农业部专门下发了《农业部关于进一步加强农业和农村节能减排工作的意见》，采取有力措施，积极推进农村生产生活节能、农村可再生能源开发和农业面源污染防治等工作，取得了一定成效。

1. 农村生活节能进展顺利。到2013年底，全国沼气用户达到4 300多万户，受益人口达到1.7亿左右，沼气年产量达150亿$米^3$。农村沼气建设不仅为农民提供了清洁能源供应，改善了农村生产生活条件，而且促进了农业增效、农民增收，受到了当地政府和群众的普遍欢迎。在农村地区大力推广农村生活节能技术，因地制宜推广应用太阳能利用技术和产品。据统计，截至目前，全国累计推广应用省柴节煤炉灶炕1.8亿多户，形成年节约7 000万吨标准煤的节能能力。推广应用太阳能热水器6 800万$米^2$、太阳灶220万台、太阳房2 300多万$米^2$。开展了秸秆沼气集中供气、秸秆气化和秸秆固化成型示范，建成秸秆沼气集中供气340处、秸秆固化成型890处、秸秆炭化105处。

2. 农业生产节能稳步推进。推进老旧农业机械报废更新，加快老旧农机具报废更新。2013年中央财政从农机购置补贴专项资金中安排资金，对农民自愿报废淘汰老旧农机且购买新农机的给予适当补助。在山西、江苏、浙江、安徽、山东、河南、新疆7个省、自治区和宁波市、青岛市、新疆生产建设兵团开展了农机报废更新补贴试点工作，更新购机补贴投入资金1.67亿元，报废更新拖拉机1.42万台、联合收割机0.16万台。积极推进玻璃钢渔船船型研发与示范建造，新型渔船比旧船综合节能约15%，每艘渔船年平均节约燃油可达10吨。推广应用渔船节能装置和产品，积极淘汰高能耗、高污染老旧柴油机，推广节能新型柴油机，先后推广了900多台，对867艘海洋捕捞渔船实施节能技术改造。

3. **农业面源污染监测防治取得进展。**全国建立完善了农业面源污染国控监测网，实现农业面源污染监测的规范化、制度化、常态化。积极开展农业面源污染综合防治示范区建设，探索出了流域尺度农业面源污染防治的有效途径。到目前为止，全国测土配方施肥技术推广面积达到 14 亿亩以上，受益农户达 1.9 亿户。严格限制高毒、高残留农药的使用，大力推广高毒农药替代技术。专业化统防统治发展迅速，在农业部门备案登记的规范化病虫防治服务组织达 3.2 万个，水稻、小麦等主要粮食作物统防统治覆盖率达 25%，项目区农药减少 20%以上，减少农药使用 4.5 万吨。全国绿色防控面积近 10 亿亩次，占总防控面积的 11.9%。畜禽养殖废弃物处理利用效果明显，实施了生猪、奶牛、肉牛、肉羊标准化规模养殖场（小区）建设和扶持“菜篮子”产品生产项目，支持规模养殖场进行了标准化改造，配套建设畜禽贮粪池、排粪污管网等减排设施设备，提高废弃物处理和综合利用水平。

（八）现代生态农业研究与示范

发展现代生态农业，是转变农业发展方式、缓解资源环境约束、建立农业持续发展机制、推进新农村和农村生态文明建设的重要举措和现实选择。2013 年，按照中央要求和农业部党组部署，农业部科技教育司围绕现代生态农业研究与示范，开展了以下工作。

1. **推进以沼气为纽带的循环农业发展。**农村沼气上连养殖业、下连种植业，一头连着农民生活，一头连着农业生产。推进农村沼气建设既是发展循环农业的重要内容，也是推进生态农业建设的重要抓手。2013 年，各地按照中央要求，围绕发展现代农业，因地制宜推进户用沼气和大中型沼气工程建设，大力推进沼气产业与养殖业、种植业良性循环发展，有力地促进农业增产、农民增收，提升了农民生活水平。北京市延庆县结合农村沼气项目建设，开展沼液滴灌技术示范 600 余亩，年消纳沼液6 000吨，蔬菜产量每亩提高5%～15%，菜农节支增收2 500元。山东省高密市、曲阜市建立240亩“畜禽—沼气—蔬菜”生态循环农业示范基地，年减少肥料投入30%以上，提高经济效益20%以上。中国热带农业科学院在海南开展“猪—沼—果—菜”循环农业技术模式示范推广，每亩可节约肥料开支200元以上。此外，吉林、江西、广西、海南、重庆、西藏等省、自治区、直辖市还利用农村能源综合建设专项，依托已建户用沼气，配套完善生活污水净化沼气池、太阳能利用设施、沼肥综合利用设施，开展了能源生态示范村试点建设，实现农村能源开发利用与生态农业建设的有效对接。

2. **启动建设现代生态农业创新示范基地**。为试验示范现代生态农业建设的新模式、新技术、新装备和新机制，2013年，农业部农业生态与资源保护总站与辽宁、河南、湖北、重庆、甘肃等省、直辖市采取合作共建的方式，启动了5个现代生态农业创新示范基地建设，力争用3～5年时间，构建农村节能与可再生能源、资源节约型农业、农业废弃物综合利用等现代生态农业技术支撑体系，持续高效推动现代生态农业发展。

3. **加强生态农业政策研究和技术模式总结**。组织中国农业大学、中国农业科学院农业经济与发展研究所、农业部绿色食品发展中心等十几个单位的力量，调研和分工编写《中国现代生态农业建设方略》，全面提出新阶段我国现代生态农业建设的阶段特征、机遇挑战、战略构想、技术模式、质量体系、保障措施，该书于2014年4月出版。为进一步总结近年来各地在实践中形成的适应不同自然生态条件和经济发展水平的生态农业技术模式，农业部科技教育司在全国范围内征集了现代生态农业技术模式，并按照东南区、西南区、华北区、西北区和东北区5大区域，总结提炼出52种技术模式，内容涵盖了畜—沼—果、“四位一体”、“五配套”、“三沼”综合利用、生态农场建设、生态养殖、秸秆综合利用、多能互补发展、村镇集中供能等，这对于促进各地互相学习借鉴，因地制宜开展生态农业建设工作，发挥了积极作用。

4. **利用国际项目开展生态农业示范。**利用 6 608 万美元五洲开发银行贷款，在黑龙江、河南、江西、山东 4 个省的 56 个县开展现代生态农业研究与示范。截止到 2013 年底，全国利用外资共建设现代生态农业示范点 27 处，示范面积 3 500 亩，逐步形成了“种、养、加、肥”良性循环的现代生态农业模式。同时，为提高示范项目建设质量，一些项目省、县还建立了生态农业评价体系和绩效监测机制。

三、各地探索取得初步成效

（一）基本情况

2013 年，农业部在全国开展美丽乡村创建活动以来，各地积极开展了美丽乡村建设的探索和实践，涌现出了一大批各具特色的技术模式，积累了丰富的经验和做法。各地按照生产、生活、生态和谐发展的要求，坚持“科学规划、目标引导、试点先行、注重实效”的原则，以政策、人才、科技、组织为支撑，以发展农业生产、改善人居环境、传承生态文化、培育文明新风为途径，努力构建与资源环境相协调的农村生产生活方式，打造“生态宜居、生产高效、生活美好、人文和谐”的示范典型，形成了各具特色的美丽乡村发展模式，进一步丰富和提升新农村建设内涵，不断推进现代农业发展和生态文明建设，取得了明显成效，受到当地政府和农民群众的广泛欢迎。

在当地政府指导下，各地进一步加强组织领导，成立专门机构，采取政府引导、农民参与、市场运作等措施，建立了村、组、户三级联建联创机制，形成了“政府指导、村组主导、全民参与”的美丽乡村建设的发展机制和工作格局，为美丽乡村建设提供了强有力的组织保障。

坚持规划先行，努力提高美丽乡村建设的质量和水平。规划是创建活动的指南和基础。试点乡村按照美丽乡村创建工作总体要求，根据自身特点和实际需要，编制详细、明确、可行的建设规划，在产业发展、村庄整治、农民素质、文化建设等方面明确相应的目标和措施，为美丽乡村建设指明方向。

突出重点，稳步实施美丽乡村建设项目。各地以美丽乡村创建为平台，积极培育主导产业，发展壮大集体经济；加大农村基础设施建设力度，组织实施了农村生活污水、生活垃圾处理利用项目，开展村庄道路、绿化美化亮化建设，不断改善农村生产条件和居住条件，打造宜居环境；坚持市场机制，引导民间资金参与美丽乡村建设，建立了多元化、多途径的投入机制；挖掘和保护传统文化，充分发挥小、美、静、精的经营特色吸引游客，发展农村旅游休闲业；各地组织丰富多彩的文艺演出、体育健身、广场文艺活动，极大地丰富农村文化，提升村民的综合素质，形成了互帮互助、邻里和谐、家庭和睦的良好社会风尚。

（二）典型梳理

1. 江苏省张家港市南丰镇永联村。永联村的主要特点是以产业发展带动美丽乡村建设。具体内容是发展壮大新型集体经济组织，扩大土地集约化经营，发展现代农业；保证村民持续富裕，扶持发展工业园，完善待遇分配制度、医疗补助制度，建立扶贫帮困和助学基金；推进精神文明建设，实行村民集中居住，发挥社区服务中心功能，加强农村文化建设；规范农村管理工作制度，合理编制区划调整，严格落实户籍管理，加强服务性行业管理；加强班子和组织建设，坚持村党委统一领导，加强党员队伍建设，发挥群众组织作用。

2. 浙江省安吉县山川乡高家堂村。高家堂村的主要特点是以生态保护助推美丽乡村建设。具体内容是在保护好绿水青山的基础上通过大力发展村庄经营和休闲旅游经济；大力发展生态高效竹业、农产品种植加工业等特色产业实现集体增收、农民致富；通过农房建设工程，将现代化元素融入到乡土特色中，在原有生态环境和地域风貌特色基础上，保存相对完整的村庄进行规划保护和风貌营造，打造具有乡土文化、地域特色的美丽乡村，真正实现了“绿水青山就是金山银山”。

3. **宁夏回族自治区平罗县陶乐镇王家庄村**。王家庄村的主要特点是以集约农业支撑美丽乡村建设。具体内容是培育扶持带动力强的农业龙头企业，扶持一批规模化种植养殖公司、大户，使该村农民从传统农业向技术集约化、劳动机械化、生产经营信息化的现代农业跨出了一大步；发展农民专业合作社等现代农业经营主体，健全农业科技推广服务体系；利用田园风光和乡村文化，加快形成以“农家乐”休闲旅游为基础的乡村休闲旅游业发展格局；积极引导农村土地承包经营权流转，适度推广集体土地规模经营，扶持一批土地经营承包大户；探索集体建设用地流转改革，推进农民专业合作社开展信用合作；加快农村社会事业建设，提升农村社会保障水平，为美好乡村提供全方位支撑。

4. **吉林省扶余市弓棚子镇广发村**。广发村的主要特点是以社会综治保障美丽乡村建设。具体内容是充分利用资源优势，重点发展特色花生和优质烤烟两个农业主导产业，成立花生和烤烟专业合作社，形成从生产、贮运、加工到流通的产业链条并逐步拓展延伸；转变生产方式，推进农业技术集成化、劳动过程机械化、生产经营信息化，实现农业基础设施配套完善，土地等自然资源适度规模经营稳步推进；加强农村公共基础设施建设，做到布局合理，功能配套，乡村景观设计科学，村容村貌整洁有序；营造良好的社会氛围，促进社会风气的改善；增强群众环保意识，把生态环保理念转化为广大群众的自觉行动。

5. **河南省孟津县平乐镇平乐村**。平乐村的主要特点是以文化传承助益美丽乡村建设。具体内容是以平乐牡丹画创意产业园区为平台，举办开展各种活动，让平乐牡丹画走向世界；聚力打造何水法希望画院、精品牡丹观赏园、汉魏文化演绎园和高效农业生态观光园等四大项目，充分发挥项目的带动作用；采用多种形式、各种办法，培训、引导、教育全体村民，不断提高素质，提高品位，提高专业技能，为美丽乡村建设提供人才支持。

6. **广东省广州市南沙区横沥镇冯马三村**。冯马三村的主要特点是以渔业开发推动美丽乡村建设。具体内容是以整合提升现有资源和特色优势为主要手段，大力开展创建名村活动，充分挖掘冯马三村自然地理、历史遗迹、风土人情等资源禀赋，实现保护乡村自然风貌、传承乡土气息、保护历史建筑、发掘传统文化、美化生态环境、培育发展特色产业和推动农村管理精细化。冯马三村依托水乡独特的资源，正逐步发展为岭南沙田水乡旅游特色美丽乡村。

7. **内蒙古自治区西乌珠穆沁旗浩勒图高勒镇脑干哈达嘎查**。脑干哈达嘎查的主要特点是以牧场发展给力美丽乡村创建。具体内容是加强生活区居住环境建设，改善嘎查生活居住环境，建设现代化新牧区嘎查；加强基础设施建设，调整优化畜群结构，积极转变畜牧业生产经营方式，集中建设棚圈、储草棚等基础设施，以合作社模式整合草场、牲畜，形成了规模化、集约化、专业化肉牛育肥养殖产业；增加收入来源，多种渠道实现增收。养牛牧户通过改善生产条件，优化畜群结构，规模化、集约化发展肉牛育肥产业，有效提高了畜牧业产业化收入。

8. **广西壮族自治区恭城瑶族自治县莲花镇红岩村**。红岩村的主要特点是以环境整治促进美丽乡村创建。具体内容是推动月柿标准化、清洁化生产，通过标准化修剪，果园诱虫灯（板）、喷（滴）灌安装，性诱剂激素悬挂，果园水肥一体化应用，提升月柿产品安全生产质量；规范生态休闲农家游，建章立规，完善旅游协会，避免宰客、坑客、抢客等不良行为，使游客高兴而来，满意而归，提高服务质量，促进生态休闲农家游健康发展；加大清洁生产技术宣传推广，大力推行清洁家园环保模式，提高村民环保意识。

9. **贵州省兴义市万峰林街道办事处**。万峰林街道办事处的主要特点是以休闲旅游提升美丽乡村建设。具体内容是建设生态家园、保持田园风光，发展休闲农业与乡村旅游；发展特色农业产业，推广铁皮石斛组培、原生态种植；扶持具有地方特色的传统手工业、食品加工业发展，积极推介本地农特产品；建设旅游商品基地，扶持村民手工制作木雕、石刻、傩戏面具、布依刺绣、仿制青铜器、传统彩装服饰等旅游纪念品；加强原生态布依村寨建设，依托布依文化，修建聚落式吊脚楼村寨，彰显地方特色，完善布依休闲广场建设，集吃住行娱为一体的多功能区，为游客提供美食、表演，为旅游增情趣，为农民增效益。

10. **福建省平和县三坪村**。三坪村的主要特点是以高效农业拉动美丽乡村建设。具体内容是立足资源抓优势，做大做强现代高效农业，大力发展林下经济，探索建设花卉交易市场和现代物流体系，提高花卉产业外向度；跳出农业抓农业，发展乡村特色旅游，探索村组织参与旅游开发新模式，在不改变农用地利用性质、不破坏耕作层的前提下，试点直接由村组织或村民采取出让、转让、出租、承包、联营、作价出资或入股等多种形式参与旅游项目开发；凸显文化抓特色，打造人文生态村落，保护绿水青山，营造田园风光，融合乡土风情，打造人与自然和谐共生的美好居所，促进祖师文化、红色文化与生态文化的有机融合，打造闽南金三角令人神往的人文生态村落。

（三）主要经验

各地在美丽乡村建设过程中，按照生产、生活、生态协调发展的要求，立足当前、着眼长远，着力打造“生态宜居、生产高效、生活美好、人文和谐”的美丽乡村，积累了很好的经验和做法。

1. 组织领导是保证。美丽乡村建设是一项系统工程，涉及面广、工作量大、任务艰巨。各地高度重视美丽乡村建设工作，切实加强组织领导，健全组织机构，真正把美丽乡村建设摆在农业农村经济工作的重要位置来抓。按照责权利一致的原则，建立健全目标责任制和责任追究制，明确目标任务和工作职责，落实各项工作措施。制定年度实施方案，明确工作重点和具体措施，层层签订目标责任书，强化任务落实，形成一级抓一级、层层抓落实的工作局面。充分发挥农村基层组织作用，调动和鼓励他们积极开展建设，把工作落到实处。

2. 技术创新是支撑。科技是第一生产力。针对目前农业资源与环境、农村能源发展中存在制约因素和技术瓶颈，各地加大关键技术研发力度，研发了一批生态农业、农业面源污染防治、农产品产地污染修复、农业清洁生产等新技术、新成果。围绕美丽乡村建设需求，各地积极总结和筛选了一批轻简、低耗、配套的实用技术模式，依托农技推广体系，推进技术成果进村入户，大力发展绿色、有机和无公害农产品，提高科技水平和产品附加值。扎实开展培训，培育了一批种养大户、家庭农场、农民专业合作社、农业产业化龙头企业等新型农业生产经营主体；培育一批综合素质高、生产经营能力强、主体作用发挥明显、适应发展现代农业需要的新型农民。

3. 科学规划是前提。坚持立足实际，因地制宜，区分功能，科学谋划发展思路，走特色发展、差异发展之路。按照人与自然和谐发展的要求，遵循自然规律，切实保护农村生态环境，展示农村生态特色，统筹推进农村生态人居、生态环境、生态经济和生态文化建设。依托各村不同的资源禀赋和区位优势，发掘内涵、培育特色，探索不同类型村庄的创建路径。综合考虑自然条件、地理位置、人口规模、资源禀赋、产业布局和文化特色等因素，因地制宜、因村施策，科学编制每个村的建设规划，形成模式多样、“千村千面”的美丽乡村发展格局。

4. **机制创新是关键**。坚持从实际出发，深入调研分析新情况，科学把握新特点，创造性提出新思路，明确工作着力点。鼓励和引导企业、社会组织和个人支持参与，努力使美丽乡村的建设理念融入并成为农村文化的组成部分。充分发挥市场机制在资源配置中的基础性作用，吸引企业、外资、个人投资等更多社会资金参与美丽乡村建设。尊重基层和农民的首创精神，积极探索推进美丽乡村建设的新途径，形成“政府指导、目标引导、乡村主体、科技帮扶、项目带动、多方参与”的工作机制，凝聚强大工作合力。

5. **农民主体是根本**。尊重农民群众的知情权、参与权、决策权和监督权，美丽乡村建什么、怎么建由农民自己做主。把群众认同、群众参与、群众满意作为评价的根本标准，切实调动农民群众的积极性、主动性和创造性。建立政府引导与农民参与相结合的新机制，形成上下联动、分工负责的工作格局。各地充分发挥广播、电视、报刊、网络等新闻媒体的作用，广泛宣传美丽乡村建设的重要意义，扩大美丽乡村建设的社会影响力。广泛发动农民群众，调动农民参与建设的积极性，让美丽乡村建设成为农民的内在需求和自觉行动。

专栏一

“美丽乡村快乐行”双送双带双促活动

根据党的十八大关于加强生态文明建设和美丽中国建设的部署要求，

农业部大力实施美丽乡村创建工程，整合相关资源，拟用3年左右的时间在全国试点建设1 100个天蓝、地绿、水净，安居、乐业、增收的美丽乡村，努力打造新农村建设的升级版。为扩大影响，让更多的人关注和参与美丽乡村建设，为试点乡村的农民群众送去实实在在的科技、文化大餐，同时也是响应中央宣传部关于大力开展“三下乡”活动的号召，农业部与本山传媒集团组建“大篷车”，共同举办了中国美丽乡村快乐行大型公益活动，实现“双送、双带、双促”。

作为美丽乡村创建活动的一项重要内容，快乐行活动以亲民、简朴的方式，实行“双送、双促、双带”，即送技下乡，带动基层农技推广服务，促进农业增产、农民增收；送戏下乡，带动美丽乡村文化建设活动，促进农村精神文明和生态文明。一是精心组织，上下联动。采取省部联动的方式，农业部和相关省负责选点，并制订切实可行的活动方案，落实送科技下乡的内容；本山传媒集团负责组装一辆展开后能当舞台供演出用的“大篷车”，并精心选派有知名度的演职人员参加。二是贴近需求，丰富内容。在每场活动开始前，都认真调研当地农民的需求，有针对性设计科技服务和文化下乡的内容，并根据农民的喜好不断创新活动的形式。本山传媒集团还根据南方农民群众对“二人转”认知程度低的情况，调整节目内容，增加歌舞、绝活类的表演；在送科技下乡方面，专门安排现场指导、互动问答、资料赠送、农业科技网络书屋建设等内容。所到之处农民群众普遍反映内容丰富，节目精彩。三是坚持品牌，务求实效。快乐行活动一方面坚持了农业部多年来送科技下乡的品牌，力求“科技进村入户，助力增产增收”，另一方面充分利用本山传媒集团的品牌效应，力求实效。

美丽乡村快乐行双送双带双促活动全程分上半年和下半年两个阶段，历时20多天，“大篷车”行驶万里，分别在黑龙江、辽宁、福建、江西和湖南5个省举办了15场活动，为10万多农民群众送去了知识和欢乐。赵本山先生参加发车仪式，并亲自参加首场活动。活动期间共向农民群众赠送200多万元的电脑、图书、光盘和科技资料，并在每个村开通建立一个农业科技网络书屋，真正做到了送科技到地头，送文化到村头，送欢乐到心头。具体成效可以概括为“三个满意”，经验可以概括为“三大创新”。

“三个满意”：一是充分考虑农民的现实需求，做到了让农民群众满意。快乐行活动一切以农民群众为核心，以农民群众的需求和满意度为终极目标。场地的选择（在村里），节目的安排，送科技下乡的内容与形式，均充分考虑当地农民群众的生产、生活实际需要，各地农民群众普遍欢迎。二是充分发挥地方的主观能动性，做到了让各级政府满意。在活动安排方面听取地方政府部门的意见，把这项活动真正办成与地方政府共同为农民群众办的一件实事、一项公益性事业，加上本山传媒集团高名气明星团队的参与，各级政府做这件事的积极性都非常高。辽宁省铁岭市副市长魏闻说，美丽乡村快乐行对他们正在搞的“美丽铁岭”工程产生了巨大的推动作用。三是充分发挥文化搭台的效应，做到了让合作伙伴满意。快乐行活动着力加强科技与文化的结合，充分发挥本山传媒集团文化搭台的作用。赵本山先生及本山传媒集团的演职人员对活动非常满意，专门召开集团总结表彰大会。

“三大创新”：一是注重科技文化结合，是农业科技推广工作的一项重要创新。本次快乐行活动注重科技与文化的结合，同场、同台活动的同时，还特别推出互动知识问答环节“大脚提问”，通过《乡村爱情》中谢大脚的扮演者于月仙提问、台下群众回答的方式来传播农业科技知识，真正做到了科技、文化一台戏，做到了“把知识艺术化，把科普快乐化”，用群众喜闻乐见的形式来“翻译”和传播农业科技知识。二是注重运作模式提炼，是美丽乡村创建工作的一项重要创新。快乐行活动是农业部美丽乡村创建工程的重要组成部分，通过深入各地美丽乡村，总结运作模式，挖掘和传承传统文化，传播生产、生活、生态“三生和谐”的理念，起到宣传和发动的作用。三是注重活动品牌打造，是农业部“三农”工作的一种重要创新。本次快乐行活动也是农业部开展“双送、双促、双带”活动的重要创新，在活动过程中注重打造和树立品牌，对创新农业部“三农”工作方法，提高农业科技服务效能，提升农业部门形象有较好的效果。

专栏二

美丽乡村创建典型人物推介活动

为深入开展美丽乡村创建活动，宣传和表彰在农业科技、农村能源、农业环保和带动农民致富等方面发挥带头作用的模范农民和农技人员，农业部科技教育司组织开展了科技之星、沼气之星、环保之星、致富之星、文明之星和最美农技员（合称“五星一员”）典型人物推介活动，旨在激发广大农民进行创建的内生动力，展示农民新形象、农村新面貌，引导他们积极参与农村生态文明建设，倡导科学、文明、健康的生活风尚。更为重要的是，突出美丽乡村创建的主体是农民群众，让美丽乡村创建成为农民的内在需求和自觉行动。同时，引导广大基层农技人员热心事业、献身基层、助力增收，充分发挥在基层农业技术推广中的主力军作用，讴歌他们的风采和感人事迹。

为做好“五星一员”推介工作，组织制定了《农业部美丽乡村创建活动典型人物推介方案》，明确了推介条件和程序，通过自下而上组织推荐、社会评选、广泛宣传和综合评定等环节，开展推介活动，共收到各地报送的360名候选人的申报材料。通过“美丽乡村网”、农业部美丽乡村创建活动腾讯、新浪和搜狐官方微博等设立了《农业部美丽乡村创建活动典型人物推介专题》，进行网上投票，参与人数163.03万人、投票总数3 755.65万人次。

根据社会评选情况，按照“客观公正、公开透明”的原则，以“群众参与、社会评选”为主要方式，严格按照条件进行筛选，优中选优，最终推出61名美丽乡村“五星一员”创建典型人物，他们当中年龄最大的已达100岁，最小的只有26岁。

在推介过程中，他们的事迹感动着人们：他们当中有村干部、有普普通通的村民、有巾帼致富能手、有退休“厅官”、有“80后”大学生返乡创业青年、有科技使者、有百姓亲人、有梦想圆大学梦的西藏农村妇女、有被称为汉族巴郎子的维吾尔族大叔、有怀揣着将布依族文化发扬光大的“布依梦”的宋姨妈……他们是农民群众非常喜欢的“看得见、摸得着”的榜样，是建设美丽乡村的带头人、领头雁，是美丽的代言人。

农业部美丽乡村创建活动典型人物推介人员名单

科技之星

李永军　天津市清水思源农作物种植专业合作社（宝坻区八门城镇欢喜庄村）

谭　英　辽宁省开原市庆云堡镇兴隆台村

李上彬　江苏省宜兴市湖汉镇张阳村

邹尤远　广西壮族自治区来宾市兴宾区凤凰镇龙岩村委长福村

张文辉　重庆市梁平县龙滩柚子专业合作社

范敬超　四川省井研县集益乡繁荣村11组

张扩伟　云南省大理市大理镇龙龛村11组

果　果　西藏自治区达孜县邦堆乡农业产业园区

王金燕　宁夏回族自治区银川市金凤区农牧水务局

麦尔旦·麦麦提敏　新疆维吾尔自治区墨玉县喀尔赛乡赛先巴扎村

沼气之星

薛金虎　山西省翼城县南唐乡符册村

关田喜　内蒙古自治区科尔沁左翼中旗舍伯吐镇那仁嘎查

仇阳平　浙江省开化县能源环保公司

刘景清　山东省莒南县洙边镇洙边社区

刘占涛　河南省禹州市磨街乡玉泉村

胡贤和　湖北省武汉市江夏区法泗街大路村/武汉银河生态农业有限公司

兰争婧　广西壮族自治区三江侗族自治县丹洲镇丹洲村

拉姆措吉　西藏自治区乃东县泽当镇金鲁居委会

冯　辉　大连市瓦房店市许屯镇东马屯村

游　空　黑龙江省农垦总局牡丹江管理局海林农场绿源沼气站

环保之星

左洪泽　辽宁省清原满族自治县南口前镇王家堡村
柏连福　吉林省抚松县仙人桥镇黄家崴子村
叶发娣　浙江省安吉县溪龙乡黄杜村
阳和尚　江西省彭泽县马当镇船形村
闻荣贵　河南省邓州市穰东镇穰西社区
张业阔　湖北省天门市岳口镇健康村
谭学明　陕西省蓝田县焦岱镇鲍旗寨村
张祖平　甘肃省庆城县玄马镇孔桥村
林永法　宁波市象山县石浦镇石浦渔村
张晶华　黑龙江省农垦总局红兴隆管理局红旗岭农场

致富之星

田　雄　北京韩建集团/北京市房山区韩村河镇韩村河村
王海军　河北省磁县陶泉乡南王庄村
丁雪其　江苏省泰兴市黄桥镇祁巷村
何允辉　浙江省义乌市城西街道何斯路村
吴海英　福建省平潭综合实验区白青乡国彩村
樊海风　河南省新密市超化镇黄固寺村
黄付仁　海南省澄迈县金江镇龙坡村委会山内坡村
宋春梅　贵州省兴义市万峰林街道办事处纳录村 7 组
赵思旺　云南省通海县秀山街道办事处大树社区
冶建海　青海省民和回族土族自治县马场垣乡翠泉村

文明之星

侯二河　河北省武安市淑村镇白沙村
陈章琦　上海市崇明县横沙乡新北村
鲍远峰　安徽省六安市裕安区苏埠镇南楼村
李四琴　江西省彭泽县马当镇船形村
史国成　湖北省监利县朱河镇花园村
廖明知　湖南省蓝山县新圩镇上清涵村
赵承华　广东省珠海市斗门区斗门镇南门村

姜兆阳　青岛市崂山区王哥庄街道办事处青山社区
张胜民　新疆生产建设兵团农三师四十八团一连
张瑞金　广东省农垦总局阳江农垦局平岗农场

最美农技员

葛成稳　山西省吉县东城乡政府
闫　瑞　内蒙古自治区喀喇沁旗王爷府镇农科站
姚淑珍　黑龙江省绥化市北林区东兴办事处农牧业综合服务中心
张元祥　上海市崇明县横沙乡农业服务中心农业科
程来品　江苏省盐城市盐都区潘黄农业技术综合服务中心
林忠华　福建省莆田市荔城区沼气技术协会
白洪峰　山东省济南市长清区双泉镇农业技术推广站
李东明　湖南省张家界市永定区王家坪镇农技站
吉立斌　海南省三亚市市辖区吉阳镇
曾维友　重庆市江津区经济作物站

特别奉献人物

周小贺　湖北省安陆市植保站原站长

专栏三

美丽乡村建设十大模式

根据不同类型地区的自然资源禀赋、社会经济发展水平、产业发展特点以及民俗文化传承差异，坚持因地制宜、分类指导的原则，美丽乡村创建的内容因村施策、各有侧重、突出重点、整体推进。按照美丽乡村创建重点和目标，主要分为十大模式。

——**产业发展型模式**。产业发展型美丽乡村模式主要在东部沿海等经济相对发达地区，其特点是产业优势和特色明显，农民专业合作社、龙头企业发展基础好，产业化水平高，初步形成“一村一品”、“一乡一业”，实现了农业生产聚集、农业规模经营，农业产业链条不断延伸，产业带动效果明显。其发展内容主要是立足当地资源条件和特点，重点支持对农民就业增收带动力强的龙头企业和专业合作组织。发展多种形式的适度规模经营。加快发展农产品产地初加工，推动农产品加工业升级。扶持农民就业创业，实施新型农民培训工程和农村实用人才带头人培养工程，积极开展农村实用人才、农民职业技能和新型农民科技培训。优化创业环境，鼓励农民工返乡创业，扶持农民以创业带动就业。鼓励建立现代公司组织，推进村企一体化，壮大村级集体经济。

——**生态保护型模式**。生态保护型美丽乡村模式主要是在生态优美、环境污染少的地区，其特点是自然条件优越，水资源和森林资源丰富，村庄依山傍水，青山环绕，具有传统的田园风光和乡村特色，生态环境优势明显，把生态环境优势变为经济优势的潜力大，适宜发展生态旅游。其发展内容主要是坚持绿色发展、循环发展、低碳发展的原则，以保护和修复自然生态为重点，加大生态保护和修复力度，严控控制环境污染，实现山清水秀。在产业发展上要突出生态优先的原则，重点发展生态农业、有机农业、循环农业，生产无公害农产品、绿色食品和有机食品，打造高附加值的生态产业，推进资源节约型、环境友好型产业发展，实现经济社会发展与自然的协调发展。

——**城郊集约型模式**。城郊集约型美丽乡村模式主要是在大中城市郊区，其特点是经济条件较好，公共设施和基础设施较为完善，交通便捷，农业集约化、规模化经营水平高，土地产出率高，农民收入水平相对较高，是大中城市重要的“菜篮子”基地。其发展内容主要是要综合考虑工业化、城镇化对村庄自身发展的影响，合理控制村庄规模，注重与城镇的基础设施、公共服务设施相衔接，控制城市污染向农村转移，加大环境污染治理力度。在产业发展上要适应城市发展需要，种植业以蔬菜、水果等经济作物为重点，大力发展设施农业；养殖业要发展规模化畜禽养殖，建设养殖场或养殖小区，配套完善粪污处理设施，推进健康养殖。

——**社会综治型模式**。社会综治型美丽乡村模式主要在人数较多，规模较大，居住较集中的村镇，其特点是区位条件好，经济基础强，带动作用大，基础设施相对完善。其发展内容主要是统筹新型城镇化和美丽乡村建设，按照尊重自然美、注重个性美、构建整体美的要求，充分考虑人口变动、产业发展等因素，与农村产业发展、公共事业建设相衔接，预留建设发展空间，加快城镇基础设施和公共服务的延伸覆盖，整体推进水、电、路、气、房、通信等基础设施建设，实现社区主干道路硬化和公共场所亮化，引导社区房屋建设或改造，促进村庄整体风貌协调和土地集约利用。坚持建管并重，切实建立农村基础设施长效管理机制。

——**文化传承型模式**。文化传承型美丽乡村模式是在具有特殊人文景观，包括古村落、古建筑、古民居以及传统文化的地区，其特点是乡村文化资源丰富，具有优秀民俗文化以及非物质文化，文化展示和传承的潜力大。其发展内容主要是以保护乡村人文景观、文化遗产、民风民俗为重点，挖掘传统农耕文化、山水文化、人居文化中丰富的思想和内涵，系统保护乡村历史、文化遗产、景观风貌和人文资源，传承乡土形式和内涵。对古村落、古建筑、古民居要在保持基础格局、布局形态、建筑风貌的前提下，加强保护、修缮和改造，美化村庄环境。加强生态文明知识普及教育，积极引导村民追求科学、健康、文明的生产生活和行为方式，提高农民群众的文明素养，形成农村生态文明新风尚。

——**渔业开发型模式**。渔业开发型美丽乡村模式主要在沿海和水网地区的传统渔区，其特点是产业以渔业为主，通过发展渔业促进就业，增加渔民收入，繁荣农村经济，渔业在农业产业中占主导地位。其发展内容主要是坚持发挥优势、综合发展，依靠市场配置资源的基础性作用，深化渔业结构调整，着力提升发展质量，加快建设集捕、养、加、贸、游等多种功能于一体的现代渔业产业体系。合理部署养殖功能区划，充分挖掘养殖区域在时间和空间上的潜力，走品种特色化、技术精细化、生产集约化、产品安全化发展之路。要拓展远洋渔业，构建规模适度、装备精良、机械化和自动化程度较高、作业结构合理、生产稳定高效的现代化海洋捕捞船队。通过建设海洋牧场、修建人工渔礁、增殖放流等人工手段，恢复水生生物资源，改善水体质量，局部修复水域生态环境，缓解水域生态“荒漠化”等问题。

——**草原牧场型模式**。草原牧场型美丽乡村模式主要在我国牧区、半牧区县（旗、市），占全国国土面积的40%以上。其特点是草原畜牧业是牧区经济发展的基础产业，是牧民收入的主要来源，草原生态总体恶化趋势尚未根本遏制，牧民生活水平的提高普遍滞后于农区。其发展内容主要是坚持生产生态有机结合、生态优先的基本方针，推行草原禁牧、休牧、轮牧制度，减少天然草原超载牲畜数量，实现草畜平衡。加强草原围栏和棚圈建设，在具备条件的地区稳步开展牧区水利建设、发展节水高效灌溉饲草基地，促进草原畜牧业由天然放牧向舍饲、半舍饲转变，实现禁牧不禁养。发展特色农畜产品加工业，培育壮大龙头企业，延长产业链条，提高产品附加值。进一步发掘民族文化、民俗文化、草原文化和民族民间传统体育，发展以草原风光、民族风情为特色的草原文化产业和旅游业。

——**环境整治型模式**。环境整治型美丽乡村模式主要在农村脏乱差问题突出的地区，其特点是农村环境基础设施建设滞后，环境污染问题突出，当地农民群众对环境整治的呼声高、反应强烈。其发展内容主要是以垃圾收集、污水处理、改水改厕、农房整修、沟渠清淤、绿化亮化为重点，推进村庄环境综合治理，实现废弃物循环利用。开展沿路、沿河、沿线、沿景区连片环境整治，推进农村区域性路网、管网、河网、垃圾和污水处理网一体化建设。推广便捷适用的污水处理系统，建立垃圾处理系统，构建长效机制，确保正常运行。加强农业面源污染治理，开展畜禽及水产养殖污染治理，推广化肥、农药合理利用，建设农村沼气，加快发展生态农业和循环农业。推进村庄园林化、庭院花园化、道路林荫化，提高村庄绿化覆盖率。

——**休闲旅游型模式**。休闲旅游型美丽乡村模式主要是在适宜发展乡村旅游的地区，其特点是旅游资源丰富，住宿、餐饮、休闲娱乐设施完善齐备，交通便捷，距离城市较近，适合休闲度假，发展乡村旅游潜力大。其发展内容主要是大力完善以“吃农家饭、住农家院、摘农家果”为主要内容的农家乐。以休闲度假和参与体验为核心，拓展多元功能，发展功能齐全、环境友好、文化浓郁的休闲农庄。立足当地农业资源、农耕文化、生产条件和自然景观，着力发展景观农业、农事节庆、观光采摘、特色动植物欣赏以及农业园区等多种形式的休闲农业，突出传统农耕文化与现代科技的结合，拓展教育示范功能。充分利用农业生产过程的时空景观，发展农业观光园，彰显人与自然和谐的丰收景象。挖掘包装民俗文化，强化民族精神，塑造民族品格，推进民俗村发展。

——**高效农业型模式**。高效农业型美丽乡村模式主要在我国的农业主产区，其特点是以发展农业作物生产为主，农田水利等农业基础设施相对完善，农产品商品化率和农业机械化水平高，人均耕地资源丰富，农作物秸秆产量大。其发展内容主要是加强农田水利等基础设施建设，提升农业综合生产能力；注重使用节水、节肥、节药等清洁生产技术，提高农业投入品的使用效率；加强耕地资源保护，培肥地力，提高耕地质量；建立完善基层农机推广体系，提升技术推广服务能力；推广应用新型实用农业机械，提高农业机械化水平；加大秸秆综合利用力度，推广秸秆肥料化、饲料化、能源化等技术，严格控制秸秆露天焚烧造成的环境污染。

专　题

专题一　农业部科技教育司体系工作法基本情况

农业部科技教育司担负着全国农业科技创新、技术推广、农民教育培训、农业生态环境和农村资源能源利用等方面行政管理工作。为增强农业科教环能系统的凝聚力和战斗力，不断推进机制创新，促进科教环能各项事业科学发展，近年总结形成了体系工作法。体系工作法以系统科学原理和现代管理理论为指导，以“科教兴农、创新为民”为核心理念，坚持实事求是和群众路线，以农业科教环能体系整体功能优化为目的，以机制创新、制度建立和文化建设为着力点，努力做到“政策制定问计体系、工作落实依靠体系、绩效评价取决体系”，从基层汲取源头活水和创新动力，做好对农业科教体系的服务和带动，从而实现农业科技进步贡献率和农业资源利用率的两个持续提高。

一、建立体系直通车，力促服务群众“接地气”

体系工作法的优势在于既联结专家和科研骨干，又沟通教师、农技人员和农民，形成了纵横贯通和良性循环，成为决策信息来源的直通车，保障服务群众的政策“接地气”。农田、基地、课堂和实验站，是联系基层群众的舞台，是组织发动群众的载体，在这里充分感受基层群众的科技需求和期盼，使服务群众的想法落地生根。先后精心安排有代表性的西北农林科技大学、中国热带农业科学院湛江院区和内蒙古扎赉特旗农技推广站作为群众路线教育实践活动基层联系点，并在全国不同区域确定了6个基层联系村，司领导带队，定期蹲点调查，从中了解农业生产一线的真实问题和实际需求，了解科技人员和农民群众的所思所想。通过直通车，将“顶天立地”、“向上攀登、向下延伸”、“论文写在大地上、成果留在农民家”等通俗易懂的语言上升为政策措施，完善了“大联合、大协作”、“农科教推有机衔接、产学研用紧密结合”等工作机制。

二、增强体系执行力，提高服务群众“到位率”

政策制定从群众中来，工作落实要到群众中去。通过把功夫下在增强体系的执行力上，各子体系都根据顶层设计，强化联合协作，努力形成“全局一盘棋、全体一个音”的格局。为全面贯彻落实中央1号文件精神，围绕增产增收、防灾减灾，实施了农业科技创新引领工程；围绕“谁来种地、怎么种地”，实施了新型职业农民培育工程；围绕农业农村生态文明建设，实施了“美丽乡村”创建工程。充分发挥体系工作法在体系带动、全员联动、工作推动方面的助推器、黏合剂作用，通过召开体系视频会、专业培训会以及每年两次与7家业务归口管理直属单位领导班子联席会议，将决策分解细化落实，汇聚各方面智慧和力量，形成强大的工作合力，提高了服务群众的政策到位率、技术到位率、信息到位率。如在农技推广工作中，提出了“科技人员直接到户、良种良法直接到田、技术要领直接到人”的科技入户理念，构建了农技人员带动科技示范户、示范户辐射带动普通农户的责任制度，最大限度推广玉米地膜覆盖、水稻大棚育秧、小麦“一喷三防”、测土配方施肥、病虫害统防统治和禽流感防控等重大关键技术。

三、激发体系原动力，打造服务群众“生力军”

体系自身建设特别是队伍建设，是体系工作法的关键，近年着力打造了三支服务群众的“生力军”。一是廉洁高效的行政管理队伍。党支部通过创设“四季论坛”、青年读书会等学习品牌，定期邀请知名专家作专题报告，涉及理想信念、创新思维、历史文化等，并组织党员深入交流，共同提高，促进本司和本系统党员干部开阔视野、放宽胸怀、团结奋进，着力打造政治坚定、作风过硬、业务精湛的行政管理队伍。二是潜心研究的创新队伍。以项目为纽带、平台为阵地、人才为目标、机制创新为突破口，通过司党支部的影响带动和热心服务，不断强化科研队伍的建设。如以农产品为单元，构建 50 个现代农业产业技术体系，凝聚了全国 2 200 多位科学家；以学科群为单元，构建了农业部重点实验室体系，凝聚了全国 1.2 万名骨干专家协同开展科技创新活动，带动起全国 8 万名农业科研工作者。三是坚守基层的服务队伍。两年投入 110 亿元，强化 67 万人的农技推广体系；每年投入数十亿元用于阳光工程和农村能源建设，实施了农民培训、田间学校、清洁生产和沼气建设等民生工程，带着农民干，做给农民看，造福亿万农民，用科技服务支撑产业发展，用事业发展体现人生价值。

四、培育体系软实力，凝聚服务群众“精气神”

体系作风建设是能打硬仗、能打胜仗的有力保证。始终致力于体系文化建设，培育体系软实力，推动形成“创新、协同、务实”的核心价值观。一是注重精神引导。在体系内弘扬“北大荒精神、南沙精神和祁阳站精神”，特别是源自农业科研的祁阳站精神；号召全国农业科技人员学习最美农技员周小贺的先进事迹，努力唱响主旋律，传递正能量。二是创新考核方法。建立自上而下和自下而上相结合的工作评价机制。科学设计评价制度和指标体系，由服务对象评价工作成效为主。建立科技人员和科研成果第三方评价机制，考评农民群众和服务对象对我们的满意度。三是延伸评价范围。就一些重点工作向下延伸考核，如将基层农技推广体系改革建设纳入农业部延伸绩效评价工作，考核省、县两级农业部门在体系中的工作绩效。

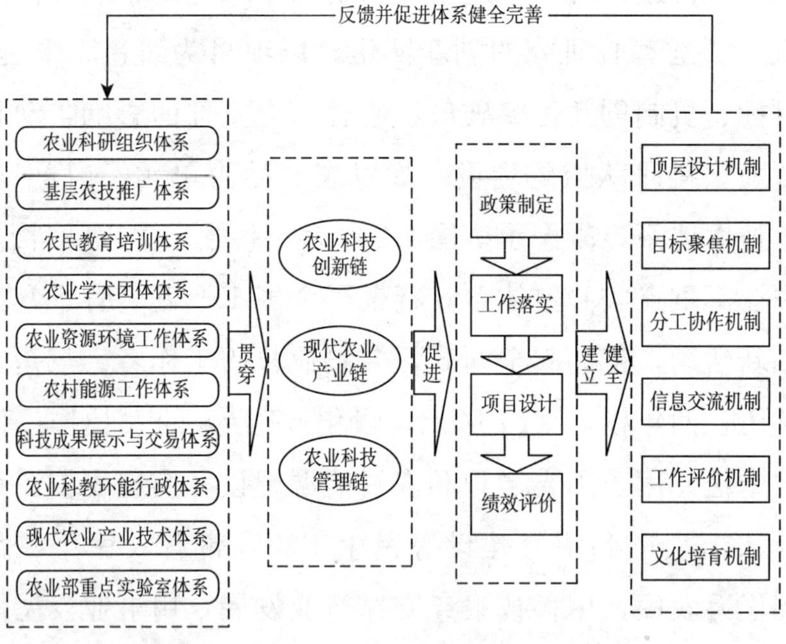

图 1　体系工作法示意图

专题二　全国农牧渔业丰收奖评选情况

为调动广大农业科研与技术推广人员的积极性和创造性，加快农业科技成果转化和应用，促进现代农业发展，根据《全国农牧渔业丰收奖奖励办法》和《全国农牧渔业丰收奖奖励办法实施细则》的有关要求，2013年4～11月，农业部组织开展了2011—2013年度全国农牧渔业丰收奖奖励工作。全国31个省（自治区、直辖市）、4个计划单列市、8个农业部直属单位以及新疆生产建设兵团、黑龙江省农垦和广东省农垦共6 350家单位的12 000余人申报丰收奖1 000项，其中成果奖464项、贡献奖496人、合作奖40项。经各单位初评推荐、农业部组织形式审查、专家评审和网络公示等程序，最终授予“番茄黄化曲叶病毒病防控技术集成与推广应用”等60个项目为全国农牧渔业丰收奖农业技术推广成果奖一等奖，“甬优12超高产栽培技术研究与示范推广”等160个项目为二等奖，“三位一体农业公共服务体系模式构建与应用”等180个项目为三等奖；授予浙江省桐乡市农业机械化技术开发推广站刘炳浩等486人全国农牧渔业丰收奖农业技术推广贡献奖；授予“奶牛场标准化规模饲养关键技术示范与推广”等21个项目为全国农牧渔业丰收奖农业技术推广合作奖。

经统计分析，此次丰收奖成果奖获奖率为86.2%，贡献奖为98%，合作奖为52%。成果奖中省市级农技人员占24%，县及县以下人员占74.6%；贡献奖中省市级农技人员占11.9%，县及县以下人员占87%；

合作奖中省市级农技人员占62.5%，县及县以下人员占18%。充分体现了丰收奖向基层一线倾斜，鼓励县、乡农技人员以服务现代农业发展、满足农民科技需求，不断提高农业科学研究水平和成果转化应用能力的设立宗旨。

专题三 2012—2013年度中华农业科技奖评选情况

神农中华农业科技奖（以下简称“中华农业科技奖”）是农业部、科学技术部批准设立的面向全国农业行业的唯一综合性科技进步奖，是原农业部科技进步奖的继承和延伸，也是农业部常设表彰项目，主要奖励我国农业行业各个领域的应用科学研究成果、技术创新成果、科学普及成果以及优秀科研创新团队。

2012—2013年度评选共收到推荐申报成果532项。其中，科学研究类456项，科学普及类36项，优秀创新团队40项。申报成果涉及全国30个省（自治区、直辖市）、36所高等农业院校、14个部属科研和推广单位、26个全国学会（协会）。申报项目涵盖水稻、小麦、玉米、棉花、蔬菜、果树、植保、资环、畜牧、兽医、水产、农机装备、农产品加工与质量安全等14个领域。经组织专家进行资格审查，有412项符合申报要求，其中，科学研究类352项，科普类成果21项，优秀创新团队类39项。

根据《神农中华农业科技奖奖励办法》规定，从农业部科学技术委员会专家库和农业部高级专家库中共遴选出330多位专家（含备选专家），分科研、科普、创新团队三类进行初评。科研类分 19 个评审组，通过网络打分进行评审。科普类和创新团队类通过会议评审。

经过组织专家评审，共有 120 项科研成果、6 项科普成果、17 个创新团队通过了初评进入下一轮评审。

2013 年 7 月，农业部成立了由 22 位专家组成的评审委员会，涉及水稻、小麦、玉米、果树、蔬菜、资环、植保、畜牧、兽医、水产、热作、农产品加工、农业工程、科研管理等专业。经现场答辩、集中评议和评委投票表决，最终授予科学研究类一等奖 31 项、二等奖 39 项、三等奖 50 项，科普奖 6 项，优秀创新团队奖 17 项。

2012—2013 年度获奖成果中，粮棉油 34 项，占获奖科研成果的 28.6％；园艺经作 18 项，占 15.1％；农业机械与加工 15 项，占 12.6％；畜牧、兽医 14 项，占 11.8％；资源环境 13 项，占 10.9％；植保 11 项，占 9.2％；农业软科学类 8 项，占 6.7％；水产 6 项，占 5.0％。从获奖单位分布来看，一等奖中，农业部部属“三院”占 14.9％，高等农业院校占 24.5％，省级农科院占 37.2％，农业企业占 23.4％；二等奖中，农业部部属“三院”占 20.8％，高等农业院校占 27.4％，省级农科院占 40.6％，农业企业占 10.9％。

专题四　全国农业科研体系建设情况

2012 年底，全国共有地市级以上农业部门属独立研发机构（不包括科技情报机构，以下简称“科研机构”）1 075 个。其中部属科研机构

59 个，省属科研机构 458 个，地市属科研机构 558 个，分别占科研机构总数的 5.49％、42.60％、51.91％。

科研机构有职工 9.30 万人，其中从事科技活动人员 6.84 万人，从事生产经营活动人员 1.30 万人，其他人员 1.18 万人。农业部属科研机构职工 1.37 万人，省属科研机构职工 4.51 万人，地市属科研机构职工 3.42 万人。在从事科技活动人员中，科技管理人员占 16.04％，课题活动人员占 64.30％，科技服务人员占 19.66％。具有大专及其以上学历的有 5.81 万人，占从事科技活动总人数的 84.93％。具有中高级职称的 4.25 万人，占 62.16％。

科研机构 2012 年总收入 226.22 亿元，比上年增长了 9.49％。其中，国家对农业科技投入为 159.44 亿元，占年总收入的 70.48％。非政府资金为 25.06 亿元，占年总收入的 11.08％。

农业科研机构 2012 年共发表科技论文 28 692 篇，其中在国外发表的有 3 319 篇，占论文数量的 11.57％。出版科技著作 776 种。共受理专利 4 085 件，专利授权 2 853 件。

专题五　全国农业技术推广体系建设情况

2012 年底，农业部所属种植业、畜牧兽医、渔业、农机化四个系统，省、地、县、乡四级共设立国家农技推广机构 7.9 万个，其中省级机构 260 个，地市级 2 400 多个，县级 1.96 万个，乡镇级 5.68 万个（含区域站 0.33 万个）。

根据乡级农技推广机构人、财、物的归属情况，其管理体制一般分为三种方式：县农业行政部门为主管理、乡镇政府为主管理、县农业行政部门和乡镇政府共同管理。49.4%的乡级农技推广机构实行县农业部门管理，26.44%的实行乡镇政府管理，24.16%的实行县、乡共管。目前，实行“县管”和“县乡共管”以县为主的乡镇推广机构超过总数的64%。

国家农技推广机构共核定批准人员编制62万个，现有编制内农技人员52.3万人，实有农技人员58.5万人，其中有6.2万名聘用人员（聘用时间在半年以上），长期聘用人员（聘用时间在一年以上）2.5万人。编制内农技人员中86.92%具有中专及以上学历水平，其中具有本科以上学历的占27.01%，具有大专学历的占40.13%，具有中专学历的占19.78%，具有高中学历的占9.33%，初中以下学历的占3.75%。83.17%的编制内人员拥有各类技术职称，其中具有正高级技术职称的占4.13%，具有副高职称的占8.15%，具有中级职称的占35.29%，具有初级职称的占35.59%。编制内人员中年龄在35岁以下的有11万人，占总数的20.46%；45岁以上的占40.24%，其中50岁以上的占21.81%。

国家农技推广机构均为事业单位，经费保障方式有三种类型，即：财政全额拨付、差额拨款和自收自支。国家农技推广机构中，财政全额拨款支持的占93.3%；差额拨款的占5.1%；自收自支的占1.6%。农技人员年平均总收入为3.56万元，其中基本工资收入为1.76万元，绩效工资和奖金类收入为1.02万元，岗位津贴0.07万元，其他各类补贴0.36万元，其他收入（包括承担各级推广项目获得收入以及从事其他工作获得劳务、奖励收入等）0.34万元。

国家农技推广机构中有业务用房所有权的占53%，由政府安排业务用房的占40.4%，通过租借等方式解决业务用房的占6.6%。平均每个国家农技推广机构拥有电脑 2.86 台、电话 1.1 部；44％的推广机构拥有传真机，23％的机构拥有投影仪，每百名农技人员拥有办公桌 84 套，人均不足 1 套。县级农技推广机构平均拥有汽车 0.68 辆、摩托车 0.36 辆；乡级农技推广机构平均拥有汽车 0.28 辆、摩托车 0.63 辆。46％的拥有试验示范基地，其中拥有完全产权的试验示范基地总面积占 41.2％，租借等试验示范基地面积占 58.8％。